歡迎來到神祕的圖形世界！

這樣學數學超有趣！

圖形觀念一次搞懂

崔英起————著

黃莞婷————譯

笛藤出版

翻開本書
「如果當初這樣子學習的話！」

　　韓國學生的智力在全世界出類拔萃，在國際學生能力評估計畫（Programme for International Student Assessment，簡稱 PISA）中的數學能力評價排名更是名列前茅。可是，若問韓國學生喜不喜歡數學，通常學生們都會回答「不喜歡，我對數學沒信心」，問題出在哪裡呢？

　　我們期待通過數學教育獲得的是什麼？是希望學生能理解數學相關概念，並以此為基礎，培養探究本質的技能，增進解決問題的能力。然而，這兩種能力中，數學教育著重於何者，將改變數學教育的具體面貌。

　　「以概念為中心」的數學教育看重培養學生洞悉本質的能力，相信以此為基礎，能讓學生擁有更健全的視角來看待世界。而我認為，如欲使韓國數學教育成為栽

培出能看穿本質視線的教育的學生，我們應嚴肅思索韓國當前的數學教育模式。因為像現在這樣，藉由不停解題的填鴨式教育雖然可以培養學生熟練解題能力，卻無法栽培出那種眼界，就像蓋了很多房子並不等於對建築物很有眼光，反覆解題反倒成為了一種妨礙。

數學教育的另一個軸心：「以解題能力為中心」的數學教育。此種數學教育看重學生解決問題的能力，但遺憾的是，韓國的數學教育只強調功能性解題，不僅沒能培養學生將學習內容轉化成解決現實問題的能力，還無形間重挫了數學教育的本質。在我具體分析韓國數學教育後，發現了下述問題：

第一，韓國的數學相關書籍和考題多採用虛擬數據，而非應用現實生活中的相關數據，造成學生誤以為數學題只存在於考試中。當這種問題解了數千次，數學在學生認知中就變成了必須要解開題目以供證明自身實力的考試科目。當學生長大成人，這種認知仍會影響他們，長大之後的學生壓根不會想到要把數學應用到實際問題當中。西方數學教育與韓國數學教育有天壤之別，就是因為他們的數學試題的數據多來自現實生活。

第二個問題是，過度解題。韓國學生被強迫的解題量有多大，從這個老掉牙的笑話：「數學最後自殺了，因為它有太多問題了」可見一斑。韓國數學教育以豐富解題經驗為基礎，逼迫學生養成機械式運算思維。學生

為了考出好成績而大量練習，避免自己犯下同樣的失誤，簡言之，是將危機最小化的戰略。

然而，「發現」來自危機。在這種戰略之下，學生很難有新發現，並對數學興趣缺缺。過度複習和練習使得數學試題沒能發揮應有效力。

也許有人認為「韓國學生現在之所以這麼優秀，不就是因為用這種學習方式嗎？哪裡有問題？」不可否認，在韓國尚未晉身已開發國家之列時，學習他國的知識至關緊要。老練的解題能力在韓國至今的社會結構中也確實發揮了重要效用。

不過，現時今日，時代所要求的知識顯然不同以往。既然韓國已被歸類為已開發國家，為了洞察數學教育的真正概念，我們應走上正確培養看穿事物本質之路，唯有如此，韓國才能培養出會「發現」與「輸出」新事物的創意人才。

現在是迫切需要學生愛上數學的時代。比起解試題，我更煩惱要怎麼讓學生能快樂學數學、愛數學。苦思許久，我終於出版了本書。如果學生們能愛上數學，日後數學登峰造極的機率便能大增，而他們藉此獲得的數學運算思維及技巧，也能培養他們在主導未來的各種領域中有著高深眼光和卓越能力。

本書以國中課程的平面圖形為素材，從圖形的視線解開圖形們在圖形世界中展開的精彩故事。學生隨著故

事的發展，會一併學習到學校課程核心概念。

　　國中生看完本書能更深入、更有意義地回顧學校學過的內容，理解了圖形中隱含的概念，開拓數學思維和眼光。至於還沒學到國中數學的小學高年級生，我希望各位能因為這本書，對平面圖形產生更多的好奇心。

　　本書處處都流露著我妻子金善子的細膩豐富情感，感謝三十五年前的某個秋日，我與妻子的神奇相遇。

　　另外，感謝二十一世紀書籍出版社張寶拉（音譯）、鄭智恩（音譯）對本書傾注的熱情，替這本書畫下了精采句點。還有，我也要感謝常與我一起研究數學教育的研究團隊裡所有成員，以及認真聽我講課的所有學生、老師、學生家長與聽眾。

2020 年 11 月
崔英基

序言
這是關於圖形的驚奇神祕故事

　　我接下來要要講的是，關於圖形的驚奇、驚人、美麗且特別的故事，是圖形至善至美的世界！

　　可能有人會說「你在說什麼？太扯了吧！」請先忍住，聽下去吧。

　　只有在我們的心靈處於完全淨空的狀態，我們才能看見圖形的完美世界。在下著鵝毛大雪的日子，欣賞紛飛的雪花時，也許就能看見那個世界。

　　我衷心希望大家也能看到我所看到的圖形世界，與我一同感受那份美麗及驚奇，因為這是年輕的特權。也許聽來很荒謬，不過年輕不就是自由自在，能肆意揮灑想像力的時候嗎？

　　過去大家可能認為圖形世界是數學的高深領域之一，是很難纏的考試範圍，但其實圖形世界是美麗又永恆的。

學習圖形世界會造就永恆不變的客觀視線。

　　早在人類誕生前，圖形就已存在。換言之，圖形跟人類八竿子打不著關係，即使人類滅亡，消失於浩瀚宇宙中，圖形世界仍會以永恆不變的完美模樣，永遠存在。

　　當我們在圖形中發現某種性質，我們會稱之為「發現」，而不是「發明」，這正意味著圖形的數學性質早已存在的事實。美麗的存在！

　　但也許是人類慣於追求永恆和客觀，所以，人類從幾千年前就努力理解圖形世界。可能我們覺得理解了圖形，就能在心中描繪出圖形的完美形象吧。如此看來，圖形世界跟人類的心有著緊密連結吧。

　　是什麼使人類成為人類的？精神和肉體……是這些嗎？同樣地，也有使圖形成為圖形的東西，那就是數學精神。雖然肉眼不可見，但數學精神支配著圖形的性質，使它們得以表現出自身特色。我們擁有一顆渴望想看穿圖形的純粹之心，心靈與心靈相通之際，我們才能看得見，也能更好地理解它。

　　接下來我們將邁入圖形世界，我希望大家翻到最後一頁的時候能說，「圖形的世界，真的太棒了！」走吧，讓我們用圖形的視線去一覽圖形世界吧！

目 錄

第2課 居然有這麼完美的圖形！
三角形、圓形、重心

第3課 數學就這樣向我走來
相似、圓周率、畢氏定理

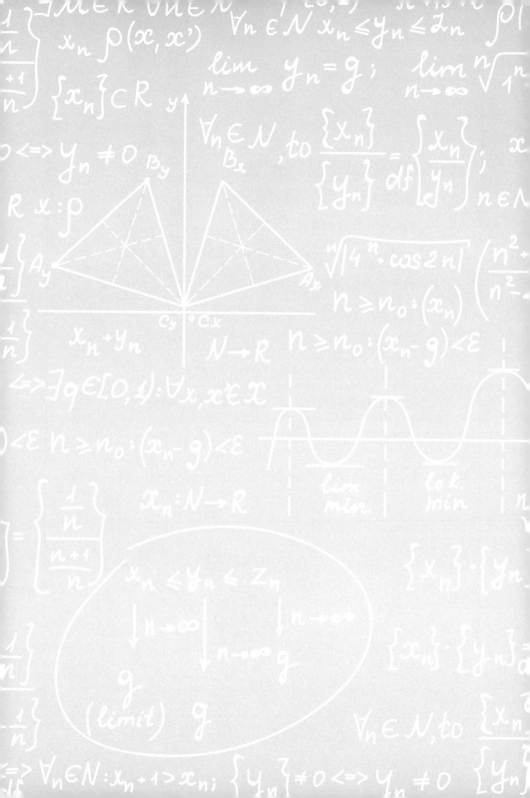

第 1 課

從一個點變成圖形為止

線、角度、三角形、多邊形

點、線、面的誕生

直線是怎麼誕生的？

平面由無數個點聚集而成。當點們各自散開的時候，是無法發揮任何作用的渺小存在。

點們想變得帥氣，開始到處亂跑，不知不覺畫出了帥氣的線條。那就是直線。如果創造出直線的點們知道，後來直線在數學裡扮演了多麼重要的角色，可能會很吃驚吧。

直線在平面上無限延伸，美麗，無窮盡。因為直線是無限延伸的，所以沒有盡頭。話是這樣說，但直線一直延伸到遙遠的宇宙盡頭，它也會覺得累吧？所以，直線想找出一個方法，讓自己不用走到宇宙盡頭，也能傳達自己想去的方向，讓大家知道它會無限延伸到那個方向。大家覺得那個方法是什麼呢？

　　沒錯，就是箭頭！

居然有這麼方便的示意法！

　　直線在自己身上裝上箭頭，輕而易舉地表達自己要去的方向與前進未知世界的意志。

　　圖形會走向沒有盡頭的世界，去人類去不了的未知世界。數學概念從人類好奇圖形前往的未知世界的好奇心中誕生。

地球住著無數的人口，我們日常中會認識很多人，但相反地，有很多人我們一輩子都不會認識。直線世界也是這樣的。

存在於平面的直線雖然有機會遇到任何直線，可是也會有不會遇到的直線。比方説，兩條永遠不會遇到的直線。直線們考慮到這種特別關係，替兩條永遠不會遇見的直線取了名字。

那就是平行！

兩條平行線朝同一個方向前進。遺憾的是，它們因為一直保持相同的距離，所以一輩子都見不到彼此。

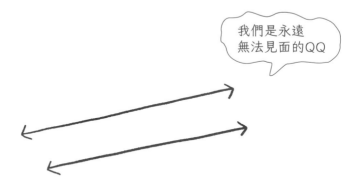

我們是永遠
無法見面的QQ

不過，也有兩條一見面就分手的直線。一瞬間擦肩而過的直線。直線們覺得擦肩而過的緣分太可惜了。

所以，它們替兩條直線相遇瞬間所形成的點命名。那就是交點！

　　韓國詩人金春洙（김춘수）的詩《花（꽃）》這麼寫著：

在我叫出它的名字之後，
它來到我身邊，
成為花朵。

　　當我們賦予某項事物名字，便表示它很特別，對吧？如果直線們把這個的交點命名為「A 點」，那麼就代表 A 點跟其他點不一樣，是一個有特別意義的點。

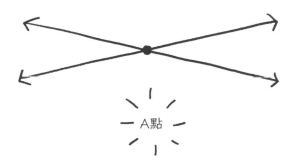

A點

　　我們再回頭聊直線吧？

就像之前說的，直線是很多個點聚在一起形成的。如果直線斷掉，那麼從斷點開始，有半邊的直線會不斷地往右走，另外半邊的直線會不斷地往左走。這就叫對半，半邊直線叫作半直線。

　　所以，半直線跟直線是不一樣的。半直線有起點，有起點就是有出發點的意思。大家想成去旅行吧，雖然我們出發的時候，對即將前往的未知世界感到害怕和不安，但因為有出發點和要前往的方向，我們才能開心出發，對吧？讓我們繼續走向圖形的世界吧。

角度——你與我的距離

　　角的誕生需要什麼呢？有直線就能產生角嗎？兩個有起點的半直線相遇，會發生什麼事？

　　我們交朋友的時候，不知道從什麼時候開始，會跟某些人變得很熟，也會跟某些人漸漸變得陌生吧？而想跟很熟的朋友玩在一起，跟不熟的朋友保持距離，是很正常的事。

　　半直線也一樣。半直線會打量彼此之間的距離，從距離確認彼此的親密程度。兩條直線之間的距離就代表它們的親密度。

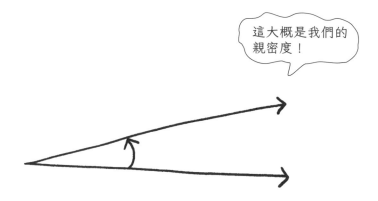

　像這樣子，從同一起點開始的兩條半直線所創造的圖形，就叫角。角的誕生需有兩條從相同起點出發的半直線。

　我們接著看下一張圖吧？把相遇點當作中心，兩條面對面的半直線交疊。想一想美術課玩過的轉印畫吧。在紙的某一面塗上顏料，然後摺疊，壓一壓，再打開紙，會出現以折線為中心的同樣花紋吧。這兩條半直線也跟轉印畫一樣產生了對稱。想一想蝴蝶，就能理解對稱概念。不是只有數學才有對稱，對稱是構成世界所有美好事物的重要元素，我們後面會提到的圖形也有很多是對稱的模樣。

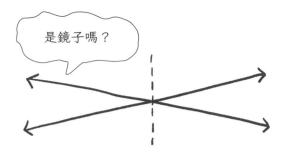

　　兩條在某個點相遇的直線所形成的半直線之間，會形成相等的距離。因為半直線形成的角是正對著的，所以稱為對頂角。

　　兩條直線相遇時最有趣的情況如下：相遇時產生了四個一樣的角。這四個角稱為直角，跟桌角長得一模一樣。

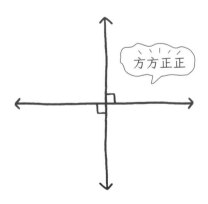

兩條直線以直角狀態相遇，跟其他兩條直線相遇的角度截然不同。這個直角相當特別，後面會一直出現。比直角小的角叫作銳角，比直角大的角則叫鈍角。

　　我們為什麼把直角標示成 90° 呢？這要追溯到古人觀測太陽的時期。很久以前，古人觀測太陽時，發現太陽每天升起的位置一點一點在改變，要三百六十天後才會回到原來的位置。

　　於是，古人認為一年可以分成三百六十天，他們用圓形的 1° 標示出一天，地球繞一圈是三百六十天，也就是 360°。

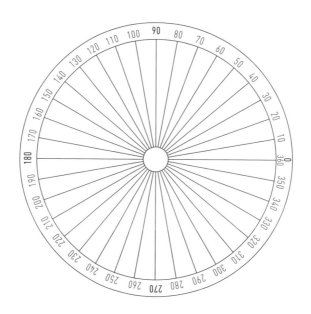

太陽繞 360°。圓形 1/4 就是直角，古人是用這種方式算出直角的。

[動動腦] 我們會說「測量」角度，還有「計算」數字，那麼測量跟計算的差別是？

邊界——使我像我的東西

要區分東西的時候,我們需要什麼?

我們需要決定界線,也就是邊界。在數學中,邊界之所以重要,是因為有了它,圖形才擁有自己的名字和特徵。換句話說,邊界決定了每個圖形的身分,所以邊界是數學中很重要的東西。

直線是用自己身上的兩個點,和兩點之間的線條創造出線段,所以說線段的兩端是點,只要有兩端的點就能創造出線段。

但是，就像每個人只會有一個媽媽一樣，只有一條直線能連起兩端的點，只有一條線能創造出線段。還有，線段兩端的點會決定該線段的特徵，就像基因一樣。

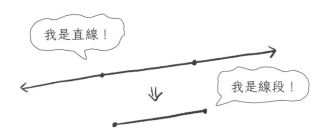

　　平面上存在無數個點，其中任兩點都能形成一條線段，由此可知，平面上也存在無數的線段。

[動動腦] 讓線段成為線段，讓圖形成為圖形，讓什麼成為什麼的就叫做邊界對吧？那麼讓我變得像我的，我的邊界是什麼呢？

我是怎麼變成三角形的？

劃分平面裡外的封閉圖形是什麼呢？

某一條線段，遇見了跟自己有著相同起點的另一條線段。它們互相打招呼，藉由測量彼此所形成的角度，了解彼此的親密度。同理，當三條互相有著相同起點的線段打招呼的時候，會形成一個有著三條線段圖形。

很神奇的，這個圖形會以三條線段當邊界，把平面分成裡面與外面。這種能劃分裡和外的圖形，就叫封閉圖形。第一個封閉圖形誕生。

那就是三角形！

搭啦！接下來的
主角就是我！

三角形就是有三個角的圖形。理解平面世界的封閉
三角形，是理解圖形的第一步，所以說，三角形是很重
要的角色喔。接下來，讓我們仔細看看三角形到底是誰
吧？

我們先幫三角形加上記號，由線段 AB、線段 BC 和
線段 CA 組成的三角形就叫三角形 ABC。由一個頂點的
兩條相鄰線段所形成的角度就叫內角，所以我們有 A、
B、C 三個內角。如果測量、比較這三個角的話，是不是
會很好奇這三個角度加起來會是多少呢？

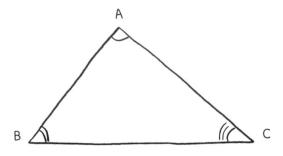

在加總三個內角之前，我們要先了解一件事。我們先回頭聊一聊平行線。請大家想像一條延伸到田野的火車鐵軌，只有兩條平行直線的時候是不是有點無趣，不過，當平行線遇到其他直線之後，會開始發生有趣的事。

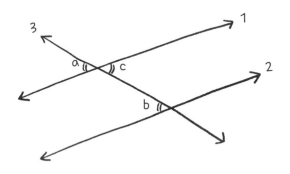

圖中的直線 1 和直線 2 是平行線，直線 3 遇到了這對平行線，橫越了它們。因為直線 3 個性講究公平，所以它經過平行線的時候形成了一樣的角度，圖中的角 a 和角 b 都是同樣的角度，因為它們都在同樣的位置上，所以被稱為同位角。

不過，如果大家仔細看一下，會發現角 a 和角 c 等大，故角 b 和角 c 也等大。由於角 b 跟角 c 在不一樣的位置上，所以被稱為錯角。一條穿過平行線的線會形成同位角、對頂角和錯角。有趣的是，這些角的角度都是一樣大的。非常公平！

反之，如果有兩條直線遇到了另一條直線，形成了角度相等的同位角和錯角，那我們是不是也能說「兩條直線是平行的」？當然可以。

斜角説，地球是不平的

如果陽光是垂直照射的，影子還會存在嗎？

西元前約 200 年，希臘數學家埃拉托斯特尼（Eratosthenes）在地上豎起一根棍子，他發現隨著城市的位置不同，同一時間產生的棍影長度也會不一樣。

城市 A 的陽光垂直照到地面，而地面沒有出現棍影；同一時間，城市 B 的地面出現了棍影。這是由於陽光在那一刻不是垂直地照射在城市 B 的地上。為什麼會出現這種現象呢？

這是地球的形狀所導致的。如果地球是平坦的平面，那麼陽光理應平行照射地球，無論在什麼地方，同一時間的影子長度都應該一樣長才對。

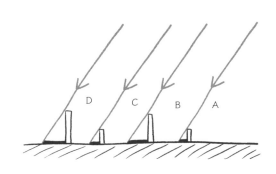

　　加埃拉托斯特尼從同一時間在不同地點出現的不同影長，發現了地球是不平的。在當時，加埃拉托斯特尼的觀察所得，是個非常驚人的推測。

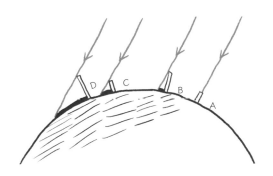

　　他的好奇心驅使他更進一步的探索。

　　他觀察到陽光垂直照射到城市 A 的時間。同一時間，

離城市 A 越遠的地方的棍長會越長，因此，他得出了「地球是顆球」的結論。但他的研究依舊沒有停止。

　　他更進一步地提出疑問：既然如此，地球周長是多少？這是引導他求算地球周長的第一個問題，也是人類的注意力移到宇宙上的偉大問題。

　　在已知城市 A 和城市 B 之間距離的狀況下，加埃拉托斯特尼只要知道角 x 是多少，就能求得地球周長。

　　地球周長：360 = 城市之間的距離：x
　　地球周長 = 城市之間的距離 × $\frac{360}{x}$

　　那麼加埃拉托斯特尼從何得知角 x 的角度呢？

　　他利用了平行線的錯角特性。陽光平行照射，根據平行線的錯角等大性質，角 x 等於棍子和光之間形成的角度。

　　舉例來說，假設兩座城市相距 1600km，城市 B 的棍子和光形成角度是 15°，會變成 $\frac{360}{15}$ =24，也就是說收集 24 塊 15° 的披薩，就能拼出一個完整的圓形披薩。由此可求出地球周長是 1600×24=38400km。

　　實際上，加埃拉托斯特尼以亞斯文（Syene）與亞歷山卓（Alexandria）兩地進行計算。城市 A 是亞斯文，城市 B 是亞歷山卓，兩座城市的距離約為 800km，角 x 約為 7.2°，加埃拉托斯特尼算出地球周長約為 $800 \times \frac{360}{7.2}$ =40000km，而赤道實際周長約是 40075km。加埃拉托斯特尼的計算結果和實際數值非常相近。

　　這項耀眼的偉大成就始於單純的好奇心。加埃拉托斯特尼沒有忽視棍影的微小現象，通過觀察和實驗，積極實現了更嚴謹的探索。

　　希望大家也能一直珍藏好奇心種子，因為說不定哪一天它會發芽，長成茁壯大樹。

三角形的DNA——
像我的角度180°

接著，讓我們正式來求三角形的內角和吧？

首先，如下圖所示，我們利用平行線和錯角，以點A為起點，畫出一條跟線段BC平行的直線。我們利用平行線的錯角角度相等的性質，可以找出分別與角B和角C角度相等的角。

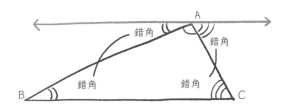

在經過 A 點，與 BC 邊平行的直線上會有角 B、角 C 與角 A。三個角加起來會變成一直線。大家都知道直線就是 180° 吧？我們不用特別測量角度，只要利用平行線的錯角相等性質，就能知道角 A、角 B 和角 C 的和是 180°，即三角形內角和是 180°。

三角形內角和等於 180° 是所有三角形的共同點，是普遍成立的定理，可視為三角形的本質。這是讓三角形之所以是「三角形」的重要特性。

但是，這種性質是天生的，遺傳自直線特性，所以如果有人嚷著自己發現了三角形的性質，那是不正確的。那個人充其量是發現了本來就有的東西。

這次我們換別的方法思考三角形的內角和等於 180° 這件事吧？大家想像一下，我們從上方施力，把三角形壓扁，這時候的三角形的兩底角，是不是會慢慢變小呢？兩底角被壓成近趨於 0 度的同時，角 A 會慢慢地伸直，角 A 的角度會逐漸趨近 180° 吧。通過這個過程，我們可以知道三角形內角和等於 180°，跟直線是相關的。這次我們也利用了直線學到了一件事呢！

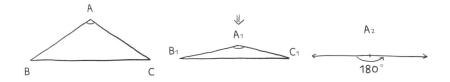

如果大家還是一頭霧水，我們就重看一次吧。兩個底角角 B 和角 C 的角度越來越小，角 A 的角度就會變得越來越大，在三角形內角和的占比也變得更大。如果到最後原本凹折的角 A 完全攤平，變成一條直線，這時候，兩底角的角度就變成 0 度，角 A 的角度就等於三角形內角和吧。

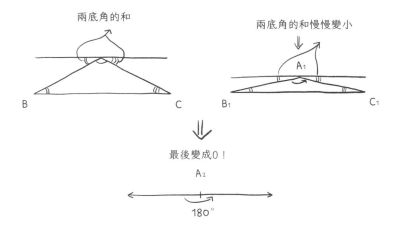

不過，這種情況只有在經過 A 點、B 點和 C 點處直線的平行線只有一條時才能成立，如果平面是彎曲的，未必能成立。

試想，如果這個三角形不在平面上，而在地球表面的話，情況就跟在平面上的三角形不一樣，三角形 ABC 內角和也會不一樣，會大於 180°。

請看下圖，我們可以看出不存在任何一條線跟經過球面上的 A 點、B 點和 C 點的線平行。從球面上的 A 點出發，無論往哪個方向前進，這條線都會跟經過 B 點和 C 點的線相遇，然後線會繼續繞著球走。

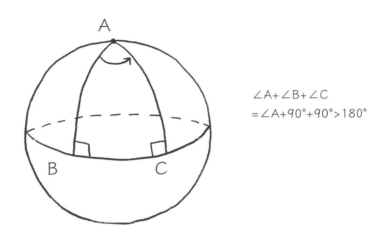

$$\angle A + \angle B + \angle C$$
$$= \angle A + 90° + 90° > 180°$$

整理上述內容，我們發現了三角形 DNA 的兩個重要特性；首先，三角形內角和是兩個直角的角度和，也就是 180°；還有滿足三角形內角和等於 180° 的三角形，只存在於平面上。

「邊」和「角」的美麗關係

三角形的角和邊是什麼關係呢？

大家記得我說「邊界」很重要嗎？三角形的邊界是頂點和邊，這就是三角形的特性，是決定三角形之所以是三角形的性質。接下來，我們要了解三角形的內角與邊的關係。

我們看三角形內角和邊的時候，會發現某個內角的角度會大於其他內角。

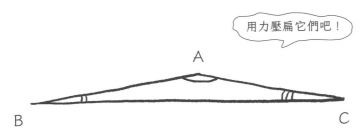

用力壓扁它們吧！

A

B   C

　　我們再來看三角形三邊的關係。三角形的邊會不會跟內角一樣，出現具有壓倒性長度的超長邊呢？

　　三角形三邊的關係，不同於三角形三角的關係。任意兩邊長的和一定會大於第三邊，所以不會出現具有壓倒性長度的超長邊。

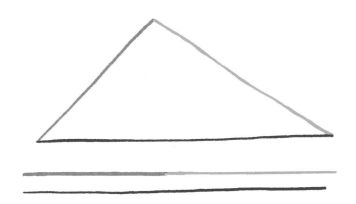

　　三角形的角和邊是緊密連結的，展現出各種美麗的模樣。

某些三角形的角和邊有著特別關係，如正三角形、等腰三角形和直角三角形。在數學世界裡面，這些三角形的角和邊的關係非常美麗。

　　我們先來看一看正三角形吧？

　　「三邊等長的三角形」叫正三角形。當三角形三邊等長時，三內角也會受到影響，角度相等。正三角形的角和邊有著非常緊密的特別關係，維持著美麗的均衡感與對稱感，說不定其他三角形很羨慕正三角形呢！

　　人類世界也一樣，大家看見正三角形會想起什麼辭彙呢？我會想到安定感、均衡感這類的單詞。試想某些

維護社會公平正義，不傾向任何一邊、多方面均衡的組織，大家是不是自然而然地聯想到「公平性」和「合理性」一類的單詞呢？

實際上，正三角形象徵著均衡和平等，因為正三角形的三點和三邊都是一樣的，傳達無差別待遇的公正感，我們時常利用正三角形，表達權力分立的健全民主主義，例如民主主義國家立法、司法與行政的三權分立結構，保障了人民自由與權力，可説是國家重要元素。而權力分立的平等社會，不就像正三角形一樣，保障了公平性與穩定性嗎？

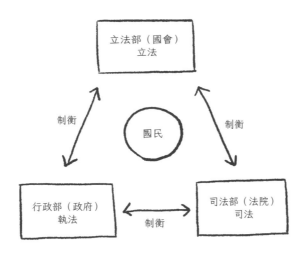

接下來，我們來看等腰三角形點和邊的關係吧？

等腰三角形指的是「兩邊等長的三角形」。因為兩邊長度相等，所以兩角角度相等。等腰三角形就像正三角形一樣，角和邊是有關係的。

最後，我們也看一看直角三角形的角和邊的關係。

直角三角形的三角都有明顯特徵。直角三角形其中一角是直角，所以剩下兩角的角度和也會是直角。它們也有著密切的關係。

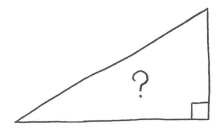

　　我們熟知的畢氏定理揭示了直角三角形三邊的絕妙關係。此外，在東方，畢氏定理又叫勾股定理。

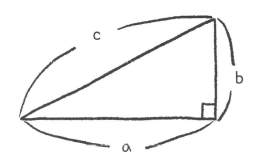

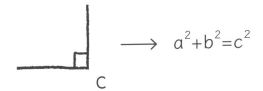

$$a^2+b^2=c^2$$

從 $a^2+b^2=c^2$ 誕生的埃及金字塔

我們來正式了解什麼是畢氏定理吧？

假設直角三角形中最長邊為 c，其餘的邊長我們稱之為 a 和 b。

$$a^2+b^2=c^2$$

由此反推，若代入此公式且公式成立，則三角形有一角為直角。而當三角形中有一角為直角，且知其中兩邊邊長，就能求得第三邊邊長。這是因為角和邊有著特別的關係。

實際上，我們在建築領域處處能見到畢氏定理的痕跡，古代埃及金字塔等令人驚嘆的建築物，更隱藏著數學與人類世界的密切關係。建造建築物時，最重要的不就是打好柱子嗎？那麼古代的埃及人是怎麼把柱子立起，使其與地面形成直角的呢？

　　後人推測埃及人利用了直角三角形。根據後人的查證，埃及人可能是經由經驗得知，當三角形三邊長之比為 3：4：5，該三角形就是直角三角形。但因為埃及人追求實用，沒深入想過為什麼三角形三邊長比達到 3：4：5 時，就會變成直角三角形。

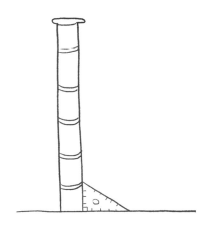

　　然而，希臘人不同於埃及人，他們好奇所有事情背後的成因，努力想找出合理理由。

原因是什麼？

原因 ——→ 結果

　　希臘人認真探究為什麼當三角形三邊邊長比是 3：4：5 的時候，其中一角會是直角，最後也成功得證。那就是有名的畢氏定理。畢氏定理證明三角形三邊長為 a、b 和 c 時，若 $a^2+b^2=c^2$，該三角形就是直角三角形。反之亦然，若三角形為直角三角形，則邊長比會滿足 $a^2+b^2=c^2$。

　　在這本書的後面，我會說明有重大意義的畢氏定理，敬請期待。

　　我們在現實世界中看見的直線和三角形，真的是完美的直線和三角形嗎？其實，世上沒有完美的直線與完美的三角形，說到底只是近似完美罷了。人類將現實中不完美，有瑕疵的形狀，通過內心的抽象過程，想像成完美的直線和三角形。

　　也就是說，我們認知的圖形是通過抽象化過程，方能重生成完美圖形。圖形存在於人類的感知外，具有人本身雖不完美，卻努力地朝認知中的「完美」前進的意義。

也許我們必須擺脫現實，才能窺見美麗又完美的圖形世界，而數學精神正是從追求完美的超凡世界的過程中，找出存在於圖形中的本質，發現它們的特性，賦予圖形名字和概念，從而發現更加美麗的圖形。

　　人們通過數學闡明圖形的世界，體驗美麗又完美的圖形世界。就這層意義來看，數學是連結不穩定的人類世界，與完美的圖形世界的橋樑。

從多邊形中發現的人生公式

拆解四邊形、五邊形和六邊形後,會出現什麼呢?

圖形由平面上的幾條線段所組成,被冠上三角形、四邊形和五邊形等各種稱呼,統稱為多邊形。還有,連結多邊形任意不相鄰頂點的線段,被稱為對角線。

對角線

從多邊形任意頂點畫出的對角線可觀察得知，多邊形中包含三角形。三角形是多邊形的基本單位。

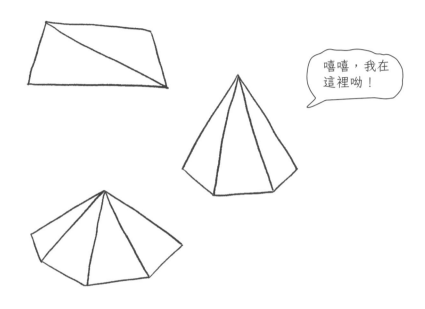

嘻嘻，我在這裡呦！

　　如圖所示，多邊形能分成許多個三角形。在數學裡，把某件事物分開來通常叫作「拆解」。拆解是把複雜的事物拆成簡單的東西。複雜的被簡易化，看起來比較簡單，能幫助我們思考它的本質，所以拆解是數學常用的手法。

　　這也是為什麼我們會拆解圖形。複雜的多邊形可以被拆成它的基本單位，也就是單純的三角形。

四邊形可被拆成兩個三角形，五邊形和六邊形可分別被拆成三個及四個三角形。大家仔細觀察多邊形的線段數，和組成多邊形的三角形個數。

四邊形：四條線段，兩個三角形
五邊形：五條線段，三個三角形
六邊形：六條線段，四個三角形

是不是看出了某種規律？沒錯。多邊形能被拆成多邊形線段數減二的三角形數。若設多邊形邊數為 n，則多邊形內的三角形數為（n-2）。

還有，既然我們知道了多邊形可以被拆成多個三角形，我們是否能利用三角形內角和等於 180° 的性質，輕鬆求出多邊形內角和呢？

簡言之，多邊形內的三角形數乘以三角形內角和 180°，可輕鬆求出多邊形內角和。

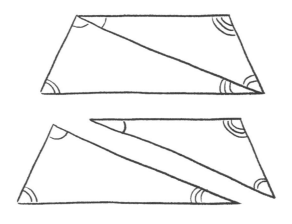

在四邊形裡有兩個三角形，故四邊形內角和為
180°×2=360°。我們用同樣的方式也能求出五邊形和六邊
形的內角和。

四邊形：180°×2=360°
五邊形：180°×3=540°
六邊形：180°×4=720°

大家有發現某種規律嗎？n 條線段形成的 n 邊形內
角和的規律。寫成如下算式：

n邊形內角和=180°×三角形數 =180°×(n-2)

讓我們套用算式，再來解看看吧。

四邊形：$180° \times (4-2) = 360°$
五邊形：$180° \times (5-2) = 540°$
六邊形：$180° \times (6-2) = 720°$

多虧了三角形，我們才能輕鬆求出多邊形內角和。我們通過把多邊形拆成三角形的方法，解決了多邊形內角和的問題。

在人類世界中也一樣。為了更準確地了解自己，自己「拆解」自己很重要。多邊形不是會把自己拆解成三角形，利用三角形內角和求出自己的內角和嗎？

不單是圖形，「數」也可以在小數的幫助下把自己「整數分解」，以了解自己的結構。

不只是數，句子也可以分解成主詞、謂詞和受詞等各種構成要素，拆開來後，我們能更深入地了解句子意義，對吧？因為事物的整體性質會包含在部分性質中，所以把事物整體拆解的時候，我們能更仔細、準確地了解它的模樣。

我們的生活中也會遇到很多問題，對吧？我們很多時候會因為不知道怎麼解決，感到慌張。為什麼會發生那種問題，發生問題之前到底經歷過哪些過程、我是怎麼反應的等，有時如果我們拆解並掌握各種有意義的因素，問題就能迎刃而解。

還有，利用三角形內角和求得多邊形內角和，讓我們聯想起我們在這世上得到了各式各樣的幫助。大家冷靜地回想的話，一定會想起我們活到現在，得到了多少人的幫助，像是父母、朋友、老師和大自然……每次想起這些幫助的時候，我們可不能忘了感恩，對吧？一個人的力量有限，沒有任何事能靠一人之力完成。

外角不變法則——
把尖尖的聚在一起就是360°

接下來，讓我們把目光移向三角形外面吧？三角形的裡和外有何關係呢？

既然我們已經知道了三角形內角和是 180°，看一看下面的三角形 ABC 吧。

想像一下從 B 點開始延長 BC 線段的半直線，大家有看到內角 c 旁多了個角 d 吧？內角 c 跟新角 d 的和是 180°，形成了一條直線。這時，因為角 d 在內角 c 之外，

所以角 d 被稱為外角。

　　把三角形任一頂點的內角和外角相加，因為是一直線，內角和當然為 180°。

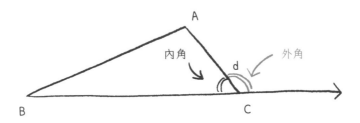

　　那麼三角形的三外角和是多少呢？外角和也是三角形的性質之一，也就是三角形的 DNA 之一。

　　我們已知三角形任一頂點的外角與內角和為 180°，而三角形擁有三頂點，是以三角形外角和內角和會是 180°×3＝540°。

　　我們只需把三角形外角和內角和 540°，扣掉三角形內角和 180°，就能求出三頂點外角和。

　　也就是說，三角形外角和是 540°－ 180° =360°。

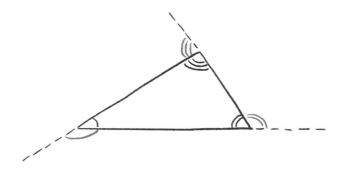

既然如此，四邊形外角和是多少呢？

四邊形有四個內角和外角，對吧？因為任一頂點的外角和內角和是180°，所以四個外角和加上內角和是180°×4=720°。想求出四個外角和，只要扣掉四邊形內角和就可以了。

因為四邊形內角和是180°×2=360°，所以四邊形外角和會是720°-360°=360°

神奇吧，三角形外角和和四邊形外角和是一樣的呢。

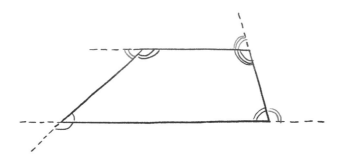

接著，再看看五邊形吧？

五邊形有五個內角和外角，對吧？所以五個外角和加內角和為180°×5＝900°。扣掉五邊形的內角和180°×3＝540°，就能求出外角和，所以五角形外角和為900°-540°＝360°。

五角形外角和也跟三角形與四邊形一樣，都是360°！

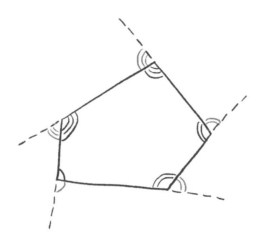

三角形外角和：540°-180°＝360°
四邊形外角和：720°-360°＝360°
五邊形外角和：900°-540°＝360°

那麼，六邊形和七邊形的外角和也是 360° 嗎？

大家是不是產生了疑問，所有多邊形的外角和都是 360° 嗎？要想確認這件事，我們必須計算出無數的多邊形外角和才行，太累了吧？

「所有多邊形的外角和都是 360° 嗎？」和「任意多邊形的外角和都是 360° 嗎？」是一樣的問題。

讓我們來假定一個 n 邊形，求其外角和過程如下：

（1） 內角＋外角和 180° × n……①
（2） 內角和 180° × (n-2) ……②
（3） 外角和① - ② =(180° × n) － (180°×(n-2))
（4） 結果外角和永遠是 360°

大家嚇到了吧？如按上述過程計算，任意多邊形的外角和永遠都是 360°。我們再換一個方式試試看吧？

大家看下圖就知道，外角越大，內角就越尖。相反地，外角越小，內角就越鈍。

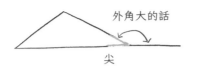
外角大的話
尖

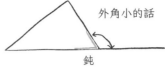
外角小的話
鈍

我們試著把三角形的一角切開吧？大家覺得會變成什麼圖形？沒錯，就是四邊形。

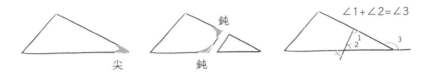
尖　　　　　鈍　　　　　∠1+∠2=∠3
鈍

把三角形的尖角折斷，會變成兩個四邊形鈍角，對吧？我們來看看外角變成怎樣了吧？本來三角形尖角的外角是∠3，兩個四邊形鈍角和是∠1+∠2。

我們已知三角形內角和是180°，而三角形任一外角的角度，等於不相鄰兩內角和，可以整理成算式：$\angle 3 = \angle 1 + \angle 2$。

換句話說，在三角形變成四邊形的情況下，雖然內角和會從180°變成360°，但外角和360°是不變的。從四邊形變成五邊形也一樣，雖然內角和會從360°變成540°，可是外角和360°不變。結果，就算我們分成很多個多邊形，但外角和是注定不變的。

外角和 360°是多邊形的特質之一。

如果多邊形們發現自己內含了三角形，它們應該會有這種感覺吧？

「多邊形們非常開心地領悟到自己的特質，尤其是三角形也發現了自己是外角和 360° 族與內角和是 180° 族的一員。還有，三角形意識到多邊形延伸於自身特質。雖然它們不了解圖形的世界，但感覺到某種神祕的使命感。」

人生在世，我們也如圖形變化多端的尖角，內在的尖銳不僅會刺傷自己，也會刺傷身邊的人。不過，正如拆解多邊形能使尖角變鈍一樣，我們也可以通過拆解內在的尖銳，變得溫柔。

但就像外角和不變，我們的尖銳只是被分成了很多部分，變鈍卻仍存在某處，在某個瞬間又會不自覺地露出過往的尖銳。每當那種時候，我們就會傷心於自己不夠成熟。這時候的我們需要什麼呢？

雖然聽起來會有點費解，但假使圖形出現了洞，則原本絕對不會變的內角和必然會跟著改變。這叫作數學

的本質改變。如果三角形出現洞是數學的本質改變了，那能改變我們本質的洞是什麼呢？尋找洞的時間不就是我們成熟的過程嗎？

[動動腦]「所有多邊形外角和都是360°嗎？」和「任意多邊形外角和都是360°嗎？」，這兩個問題為什麼是一樣的呢？

數學開拓新視野的瞬間(2)

日常中發現的外角原理

外角該如何被實際應用於日常中？

讓我們走出圖形世界，活用人類世界中的汽車，更有趣地理解數學吧？

如下圖所示，大家想像一下從天空俯瞰汽車移動的模樣。原本要直行的汽車開錯了路，轉進左邊小巷。它是不是進行了 90° 轉彎，對吧？因為路剛修好，所以道路像個四邊形棋盤。

假如這輛汽車希望開回原點，它該怎麼做才好？它得轉彎才行，向左轉 90°，再向左轉 90°，又向左轉 90°，

轉了 360° 回到原點就行了吧。這就是直角四邊形的外角
和。

如果是圓環式道路會怎樣呢？我們都知道圓形是
360°，所以想回到原點當然得轉 360°。

五邊形道路也一樣，想回到原點就得繞一圈。就是繞 360°，因此，我們可以再次得證五邊形外角和為 360°。

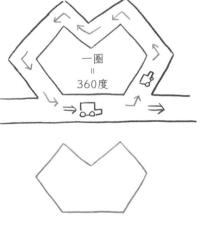

　　就算中間出現一條凹路，車子還是得繞 360° 才能回到原點。

因此，我們以五邊形的道路模樣為例，所有的多邊形道路都得繞一圈才能回到原點，由此可知多邊形外角和均為 360°。

[動動腦] 下面的角1到角8，所有角的總和會是多少？

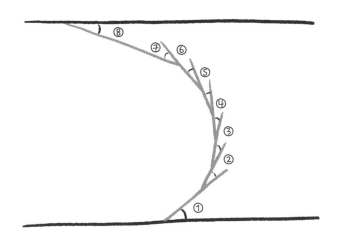

複習一下〔第1課〕

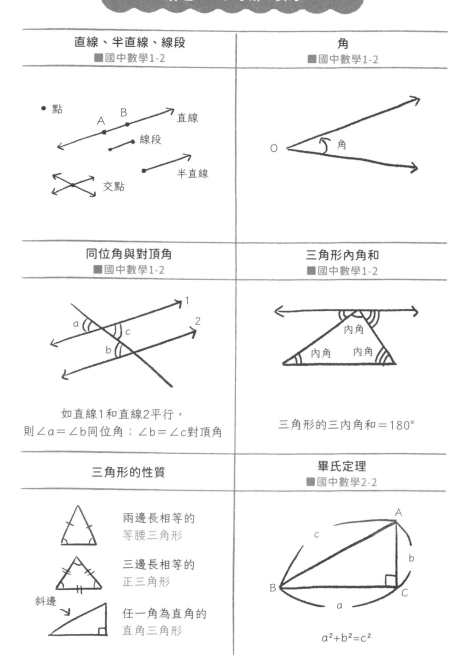

直線、半直線、線段
■國中數學1-2

- 點
- A B 直線
- 線段
- 半直線
- 交點

角
■國中數學1-2

O 角

同位角與對頂角
■國中數學1-2

1
a
c 2
b

如直線1和直線2平行，
則∠a＝∠b同位角；∠b＝∠c對頂角

三角形內角和
■國中數學1-2

內角
內角　內角

三角形的三內角和＝180°

三角形的性質

兩邊長相等的
等腰三角形

三邊長相等的
正三角形

斜邊
任一角為直角的
直角三角形

畢氏定理
■國中數學2-2

A
c
b
B
C
a

$a^2+b^2=c^2$

多邊形的內角
■國中數學1-2

三角形個數	內角和
1	180°
2	180°× 2
3	180°× 3
n	180°× n

多邊形的外角
■國中數學1-2

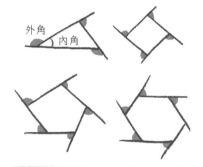

外角　內角

多邊形外角和=360°

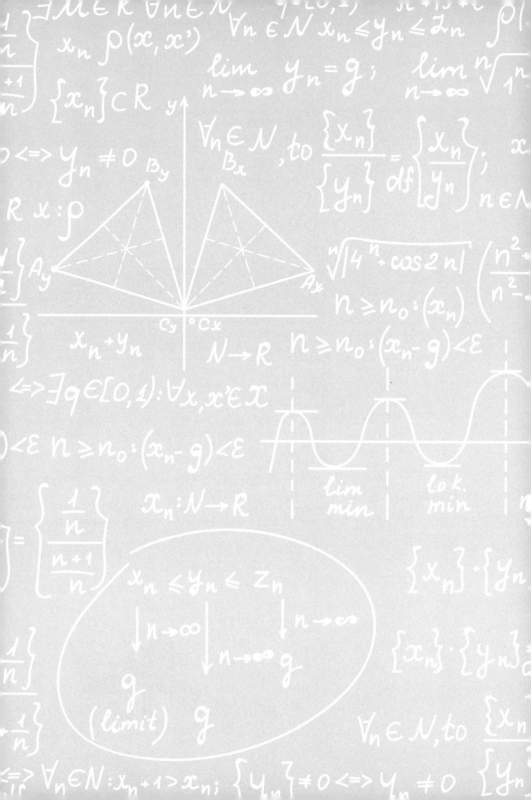

第 2 課

居然有這麼完美的圖形！

三角形、圓形、重心

怎麼求面積大小？

要怎麼求多邊形大小呢？

在平面上是不是有很多不同形狀的多邊形呢？大家是不是很好奇周長相同的多邊形中，哪一個多邊形的面積最大？多邊形之間要怎麼比大小？這種時候，多邊形的大小可以換成「在平面占多少面積」。

無論人類世界的土地，或是數學世界的多邊形，被邊圍起的部分都叫作「面」。

我們該如何表示面的大小呢？

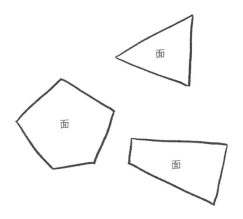

　　大家應該常聽到線段 1mm、1cm、1m 等長度單位吧？當線段長度不一時，我們會用「長度單位」來比長短。利用「尺」就能輕鬆量出線段長度，一點都不難。同樣地，在測量角度大小時，我們使用「量角器」就行了。

　　那麼有沒有尺或量角器之類的測量工具，能夠幫助我們輕鬆測量面的大小呢？面的大小被稱為「面積」。遺憾的是，我們沒有直接測量面積的工具，所以面的狀況跟長度或角度不一樣，不能用量的。

　　那麼我們該怎麼求面積呢？雖然我們沒有與尺類似的測量工具，但還是有辦法的。沒有工具就制定基本單位標準，像是 1mm、1cm、1m 等長度測量的基本單位就行了。

首先，為了知道面的大小，我們將面的基本單位定為正方形。大家都知道四個內角為直角，且四邊相等的四邊形就是正方形。我們利用多個正方形填滿面，以求面的大小。

我們假設面的基本測量單位是一個邊長與面積均為 1 的正方形，則一多邊形面的大小，全看這個多邊形能放入多少個面積均為 1 的正方形。

如下圖所示，下圖中的直角四邊形能放進 4×3=12 個，面積為 1 的正方形，所以它的面積是 12。

直角四邊形面積＝長 × 寬
$$= 4 \times 3 = 12$$

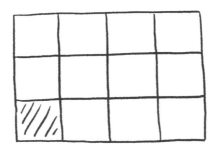

　　那麼我們該怎麼求三角形面積呢？如果正方形不好用，我們可以改放正方形碎片。例如：下圖中的三角形面積為一個完整的正方形，與一個被分成 2 塊碎片的正方形的加總，所以是 2。

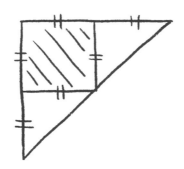

　　如果我們想求的三角形面積太小，很難用面積 1 的正方形求解的話，我們就把基本單位拆成更小的正方形就行了。比方說，把原本的基本單位，即面積 1 的正方形拆成 16 個小正方形，那麼小正方形的面積就是 $\frac{1}{16}$ 吧？

那麼如果拆成了 25 個小正方形呢？小正方形的面積則為 $\frac{1}{25}$。但大家仔細思考，就會發現三角形其實是半個四邊形，換言之，三角形面積是四邊形面積的一半。

我們試著以三角形 ABC 的 AB 邊畫一個長方形 ABEF。這裡的 AB 線段是三角形 ABC 的底，CD 線段長是三角形 ABC 的高。而四邊形 ADCF 是直角四邊形，AF 線段和 CD 線段等長，所以三角形的面積會變成「$\frac{1}{2} \times$ 底 $\times$ 高」。有這種三角形面積公式是不是很方便呢！

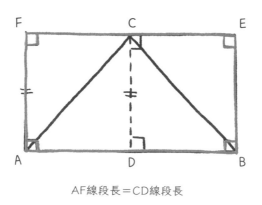

AF線段長＝CD線段長

然而，雖然在角 B 是銳角或直角三角形的情況下，我們能欣然接受它的面積等於直角四邊形的一半，但很難接受角 B 是鈍角時也能通用這個定理。

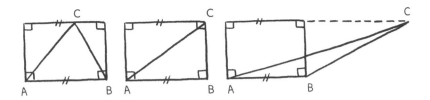

我們試著把三角形 ABC 與其翻轉而成的三角形合在一起吧，做出一個四邊形 ABCD，比較四邊形 ABCD 與直角四邊形 ABEF 的面積。

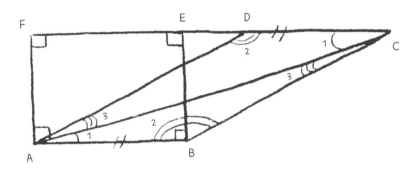

經過比較，我們知道了 $\overline{FE}-\overline{DC}$，所以 $\overline{FD}=\overline{FE}+\overline{ED}=\overline{DC}+\overline{ED}=\overline{EC}$。

也就是説，直角三角形 ADF 的面積＝直角三角形 BCE 的面積。

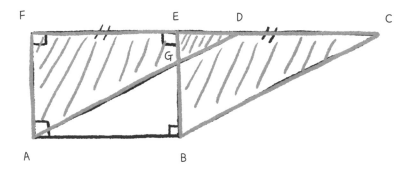

　如果大家仔細看圖，會注意到兩個直角三角形擁有相同的灰色三角形 GDE。拿掉灰色三角形時，兩個藍色四邊形 AGEF 和 BCDG 的面積是一樣的！此外，直角四邊形 ABEF 和四邊形 ABCD 擁有相同的三角形 ABG，所以直角四邊形 ABEF 的面積＝四邊形 ABCD 的面積。

　也就是說，鈍角三角形 ABC 的面積＝$\frac{1}{2}$ 四邊形 ABCD 的面積＝$\frac{1}{2}$ 直角四邊形 ABEF 的面積＝$\frac{1}{2}$ 底 × 高！

　四邊形 ABCD，還有跟它一樣有兩邊平行且等長的四角形就叫平行四邊形。不過，因為同位角 ∠ADF 和 ∠BCD 相等，所以邊 AD 和邊 BC 也是平行的。

　由此可知，平行四邊形 ABCD 也是兩個對邊互相平行的四邊形。

想變成最大面積的三角形

面積最大的三角形長怎樣呢？

有很多不同形狀的三角形吧？下圖中的三角形形狀都不一樣，神奇的是，它們的底和高相同。

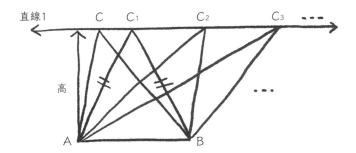

那麼，等面積三角形的周長也會一樣嗎？

即使我們把上圖三角形 ABC 頂點從 C_1、C_2、C_3……移動，但如果底和高是一樣的，則三角形面積也會一樣。可是，這種情況下，三角形周長會持續變長。換言之，即使是等面積的三角形，也有可能擁有不同的周長，周長可以無限變長。

還有，當等面積的三角形的角度變大，也就是說內角越鈍，周長就越長。

那等周長三角形的面積呢？

如下圖所示，我們把線綁在線段 AB 的兩端，用鉛筆筆尖壓住頂點，在拉緊線條的狀態下來回移動。

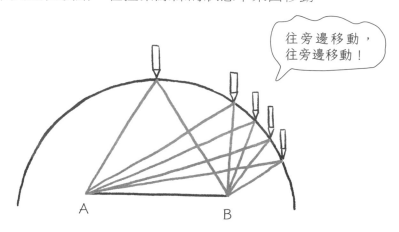

往旁邊移動，往旁邊移動！

我們是不是會得到周長相等，但形狀不同的三角形？由於線長是固定的，所以這樣子製造出來的三角形周長必然相等。

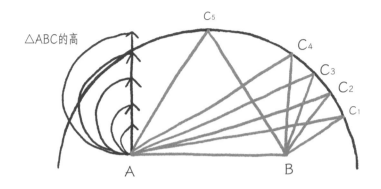

接下來，我們來想想這些三角形的面積。雖然它們有相同底邊，高分別是 C_1、C_2、C_3……它們的面積會隨著高度增加，對吧？

雖然三角形 ABC_1 ～ ABC_5 是等周長的三角形，但是它們的面積會隨著頂點 C 增加 1、2、3、4、5 倍。頂點 C 越往上，面積越大；頂點 C 越往下，面積越小。

那麼，在這些擁有相同周長的三角形中，哪種三角形的面積會最大呢？因為它們的底相等，所以我們只要找出最高的三角形就能解決了吧？那就是等腰三角形 ABC_5。

換句話說，在等周長的三角形之中，面積最大的是等腰三角形。

　　接著，我們比較等腰三角形和正三角形的面積吧？讓我們旋轉三角形的三邊，讓除了底邊之外的兩邊為等長，可以看出當三角形周長一樣的時候，正三角形的面積最大。不愧是正三角形。

　　圖形們通過這個事實，對變身有了新的領悟。怎麼說呢？它們了解到在相同條件下產生比較心理的話，容易變得更貪心。

　　大家請看下圖。正三角形 ABC 不知不覺間把自己分成了兩個直角三角形。在其中的直角三角形 ABD 中，邊 AD 是固定的。正三角形試著移動頂點 B，想畫出周長相同，面積最大的三角形。

　　它得要畫一個等腰三角形才行吧？它畫了三角形 AB_1D。

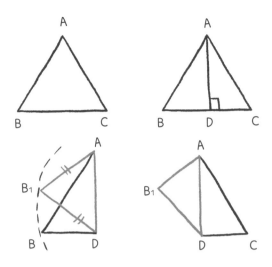

　　正三角形 ABC 跟新的四角形 AB_1DC 是什麼關係呢？兩者的周長當然是一樣的，不過面積也一樣嗎？

　　雖然正三角形 ABC 跟四角形 AB_1DC 都包含了三角形 ADC，但三角形 AB_1D 的面積比三角形 ABD 大，故四邊形 AB_1DC 的面積大於正三角形 ABC 面積。正三角形 ABC 不得不承受重人打擊。即使擁有一樣的周長，但四邊形的面積還是比三角形大！

三角形無限變大的話會變什麼？

在擁有相同周長的情況下，四邊形的面積會比任何三角形大，包括正三角形在內。讓我們來了解一下四邊形吧。四邊形們對贏過三角形感到自豪，不過，好奇心旺盛的四邊形想知道在相同周長的四邊形中，什麼樣的四邊形擁有最大的面積，於是它們沿襲三角形們測量面積的方法，以邊 $\overline{BC}$ 為底，作出了等腰三角形 A_1BD。儘管等腰三角形 A_1BD 和三角形 ABD 有著相同周長，但前者面積當然大於後者，故四邊形 A_1BCD 的面積也大於四邊形 $ABCD$ 面積。

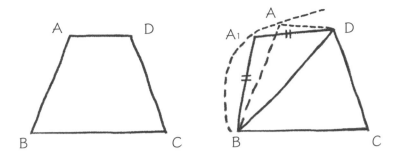

　　以四邊形任一一邊為底都能適用這個定理，所以如果想找出相同周長中的擁有最大面積的四邊形，會推導出正四邊形四邊等長的事實。換句話說，當四邊形的四邊等長的時候，能形成面積最大的四邊形。

　　而這個四邊等長的特別四邊形被命名為菱形。不過，只要四邊等長就一定是面積最大的四邊形嗎？不是這樣的。

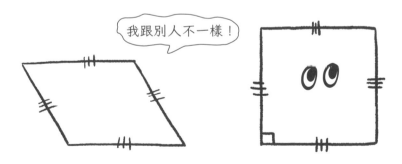

我跟別人不一樣！

　　在各式各樣的菱形中，菱形四角都是直角時，面積最大，這時候菱形會變成四邊等長的正方形。所以說，

正方形屬於菱形的一種。正方形覺得很驕傲。

　　在那之後，正方形 ABCD 利用向三角形學到的原理，嘗試改變自己的形狀。是哪個原理呢？那就是當底邊固定，周長相同的三角形中，等腰三角形的面積最大的原理。

　　正方形 ABCD 利用邊 $\overline{BE}$ 創造一個跟三角形 ABE 周長相同的等腰三角形 A_1BE。

　　驚人的事發生了。正方形 ABCD 創造出來的五邊形 A_1BCDE，雖然周長跟自己一樣，但面積比自己大。正方形大吃一驚，我們看下張圖會更容易理解。

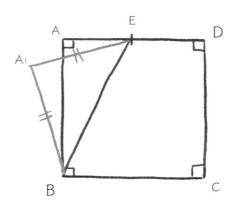

　　正方形開始好奇有著相同周長的五邊形中，誰會是

面積最大的呢？正方形馬上知道了面積最大的五邊形就是正五邊形。

　　既然如此，我們能不能提出如下假設：在相同周長的條件下，正六邊形的面積比正五邊形的面積大、正七邊形的面積比正六邊形的面積大、正八邊形的面積比正七邊形的面積大？可以的。

　　這是套用了一開始三角形印證出的原理而得出的結論：當底邊固定時，相同周長的三角形中，面積最大的是等腰三角形。

　　圖形們從好奇有相同周長的三角形中，面積最大的三角形長什麼樣，踏上了探索之旅。它們把等腰三角形原理延伸應用到四邊形、五邊形、六邊形和七邊形等不同的多邊形上。

　　它們知道了正四邊形的面積比正三角形的面積大、正五邊形的面積比正四邊形的面積大……正兩百零一邊形的面積比正兩百邊形的面積大……，無限延伸到最後會出現什麼圖形呢？無論如何，這是多邊形們無法解決的無盡旅程。

如果無限延伸下去，最後會到達的地方就是圓形。圓形的面積比任何擁有相同周長的多邊形大。所以，圖形的面積擴大到最後，會以圓形收場。

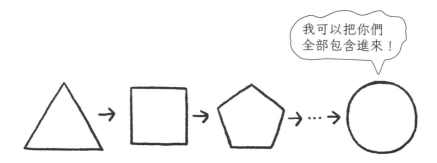

我可以把你們全部包含進來！

圖形們不停地延伸思考，得出了在相同周長的圖形中，面積最大的是圓形的結論。

我們試著把這個結論跟人類世界連結怎樣？

多邊形有了宏遠的目標，希望讓自己的面積變得更大的遙不可及夢想。雖然在實現夢想的過程中，多邊形會感到沮喪，但不斷朝目標邁進本身就是幸福的。

最後，多邊形的願望和意志促使圓形誕生。在圖形世界中的圖形就是這樣子壯大自己，不斷地向前走。

我們是不是也能擴展我們身處的世界呢？不要安於

現狀，立下前進宇宙的宏大夢想並實現，怎樣呢？

小說家托爾斯泰（Leo Tolstoy）的短篇小說《一個人需要多少土地》（*How Much Land Does a Man Need?*）描述了某位農夫的故事。

主角是一位幫他人傭耕的佃農，夢想擁有自己的土地。某一天，他找到了一個地價便宜的村莊。在那裡，他有能力購入大塊的土地，只要付出一定的錢，從日升走到日落的土地都歸他所有。但有一個條件是，在太陽下山之前，他必須走回出發點。

農夫想獲得最大限度的土地，清早就出發，死命走，不歇息。農夫走得非常遠，因為只要在日落之前回來就行了。貪婪的農夫捨不得停下腳步，結果他氣喘吁吁地趕在日落前回來卻累死了。這個故事的深刻寓意是，人需要的土地大小，不過是塊能埋葬自己的土地。

這個故事告誡世人，我們不需要這麼多土地，人心不足蛇吞象。但我們也能反過來思考：

如果人類沒有欲望會怎樣呢？儘管欲望能摧毀人，但也能使人努力和進步，積極實現夢想，不是嗎？想實

現某事的欲望，想到達某個地位的欲望，欲望可以成為發展的原動力。小說中的農夫死於貪欲，但說不定他的後代因他的貪慾得到了大筆遺產。

如果說，這名農夫知道在相同周長的情況下，圓的面積比正方形的面積更大，事情會變成怎樣呢？他可能會發揮智慧制定行走的路線，不走正方形，走圓形吧。

圓——左看右看都很完美！

不用「尺」也能知道長度嗎？

　　如果有兩條線段，線段想比較彼此誰長誰短，卻不能用尺量的話，線段們該怎麼辦？直接算構成線段的點的個數，怎麼樣？試想，有一條線段由四個點組成，另一條線段由五個點組成，當然後者比較長吧。

```
1        2        3        4
●        ●        ●        ●


1       2       3       4       5
●       ●       ●       ●       ●
```

問題是，線段算不出自己由多少個點所構成，所以它們得想出一個在不數點的情況下，又能比較長度的方法。

　　如果線段親手畫出自己，在某條短線段是某條長線段一部分的情況下，線段們很容易就能比較長度。舉例來說，下圖中的線段 $\overline{AB}$ 是線段 $\overline{AC}$ 的一部分，所以線段們馬上就知道線段 $\overline{AC}$ 比線段 $\overline{AB}$ 長。

A　　　　　B　　　　　　　　　C

　　但萬一是下圖這種情況，線段們能知道線段 $\overline{AB}$ 和線段 AD 誰更長嗎？雖然用肉眼看起來，線段 $\overline{AD}$ 更長，但數學需要明確的證據，不能靠肉眼判斷，輕率地遽下結論。

D　　　　　　　　A　　　　B

　　這時候，線段們為了比較長度，想出來的東西就是圓。讓我們來體驗一下圓的無限能力吧？首先從圓周上的一點開始。

多邊形上的點跟圓周上的點不一樣，前者的點連起來會有突出的尖角，但後者的點連起來，永遠都是圓的。

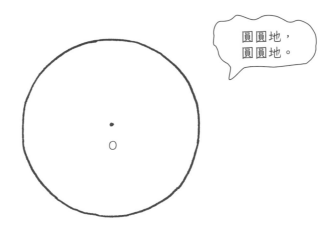

圓圓地，
圓圓地。

圓有中心點，寫成 O 點，我們稱之為圓心。所有連結圓心和圓上任一點的線段，都是等長的。這些線段本身及其長度都被稱為半徑。

還有，把通過圓心的圓周上的兩點相連的線段本身，和其長度都被稱為直徑。簡言之，半徑和直徑同時代表了線段與線段長。

讓我們回到圖上吧？線段們想透過以 A 點為圓心的圓的幫助，輕鬆解決線段 $\overline{AB}$ 和線段 $\overline{AD}$ 誰長誰短的問題。

D　　　　　　A　　　B

由於圓心到圓周上任一點的距離相等,所以線段們能找到跟線段 $\overline{AB}$ 反方向,卻同在圓周上的點。

　　線段們藉助圓的特性畫出下圖,現在是不是能準確地看出線段 $\overline{AD}$ 大於線段 $\overline{AB}$?

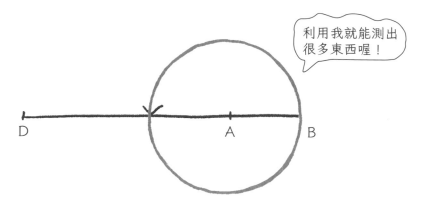

　　線段們利用圓的性質,得以輕鬆比較同在一條直線上的線段。

　　但如果線段們遇到的是如下圖般的分離線段,上述方法就不適用了。

線段們左思右想，再次求助以 A 為圓心的圓。圓提出了建議：反正我不管怎麼移動，我的大小都不會變，所以你們把我的半徑拿去當比較基準吧。

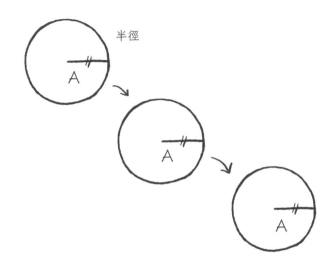

　　線段 AB 長，也就是半徑長為 1。

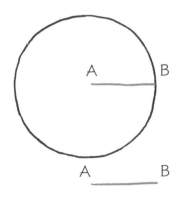

以下圖的情況來說，線段長為半徑長的三倍，故線段長為 3。

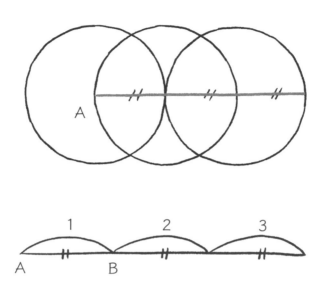

接著，把這個方法應用在不同線上的線段，怎樣？大家看得出來「線段 2」長度約是半徑的兩倍長，「線段 1」長度約是半徑的兩倍還多一點點吧？因此，線段們知道了「線段 1」比「線段 2」長。

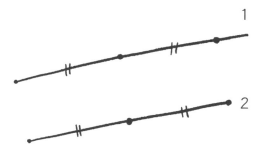

　　像這樣子，線段們利用圓，順利比較了分離線段的長短。

角度:用圓形和直線看世界的方法

有什麼東西是利用了圓的創意發明呢?

那就是幫助人類畫出直線的無刻度「尺」,還有延伸圓原理的「圓規」。人類利用這兩種工具畫直線或圖形的方式叫作「製圖」。

其實,「製圖」這個單詞背後隱藏著深奧的哲學意義。古希臘哲學家柏拉圖(Platon)相信存在完美不變的非物質世界——理想世界(idea)。

完美直線與圓形只存在於我們思想和內心,雖然我們擁有理想,但在我們生活的世界裡,我們看不到,也

無法創造出完美的圓或直線。我們認為是圓、稱之為圓的圖形，並非完美的圓。既然人類未曾見過完美之直線與圓形， 人類是怎麼形成圓和直線的概念呢？

柏拉圖認為「有完美不變的非物質理型世界，儘管理型世界獨立於事物而存在，但通過思考和觀察該世界中萬物萬事的理想，能獲取某種完美的概念」。這個完美的概念就是「理想」。

柏拉圖也稱圓和直線是存在於理想世界的純粹完美圖形，我們用圓規畫圓，用尺畫直線，是在現實世界中體現出理想世界的純粹完美圖形。柏拉圖的主張深奧晦澀。

我們偶爾會相信，假如我們去定義某事物，則該事物就會存在。不過，古希臘人不是如此，他們不輕信，喜歡深究，熱愛證明。

普通人看見「三邊等長的三角形是正三角形」的定義，會覺得「原來如此」並接受，但古希臘人不一樣。他們會努力進行辯證，確認此定義是真實存在的。

舉例來說，倘若有人定義擁有一雙黃金翅膀和獅子

爪子的豬就叫作超級豬。如果這種豬不存在於實際世界，則此定義就是空泛的，希臘人會研究這個定義有無意義，以及世界上究竟有沒有超級豬。

　　要是有人定義這個世界存在著純粹完美的圖形，也就是正三角形，希臘人不僅會了解它的意義，還會確認世界上究竟有沒有正三角形。那麼希臘人用什麼方法證明完美圖形確實存在呢？那就是「製圖」。

　　我們前面說過利用圓規和直線進行製圖所畫出的圖形，其純粹完美圖形便存在在理想世界了，對吧？希臘人畫出了正三角形，證明了正三角形不是空泛之言，而是真正存在於理想世界的圖形。因此，在希臘時代，製圖是非常重要的。

　　古代希臘數學家歐幾里得（Euclid）寫的《幾何原本》（Elements），迄今仍是偉大著作。這本書裡提及正方形、正五角形、正六角形與正八邊形，卻沒談到正七邊形。大家知道為什麼嗎？因為正七邊形不能用在製圖，換句話說，正七邊形是畫不出的圖形，不存在於實際世界。那麼，我們就不能說正七邊形存在於理想世界。

如字面上的意思，正七邊形是有七個邊的七角形，我們可以在腦海中想像正七邊形的模樣，但因為無法製圖，所以無法確定它的存在。正因如此，歐幾里得的書中才略過了正七邊形。包括歐幾里得在內，希臘人很少會這麼敷衍了事。

　　如果大家有機會造訪羅馬的梵蒂岡宗座宮，請一定要參觀畫家拉斐爾（Raffaello）的房間。那裡掛著拉斐爾的名畫「雅典學院」（The School of Athens），畫中其中一人正是歐幾里得。

　　大家知道歐幾里得在拉斐爾的畫中做什麼嗎？他在製圖！拉斐爾好像非常了解製圖的重要性和意義。像這樣，希臘人認為製圖是連結肉眼得見的現實世界，與理型世界的橋樑。讓我們反覆思索製圖的意義吧。

尋找三角形的分身

三角形的決定條件為何？

　　如下圖所示，有一條直線經過了兩個點，這時候的線段 $\overline{AB}$ 由兩端點決定。

　　假設兩端點中其中一點不見了，這條線段會變得怎樣？它會迷失方向。當線段 $\overline{AB}$ 其中一端點 B 點迷失了自己的位置，線段能找出 B 點的位置嗎？

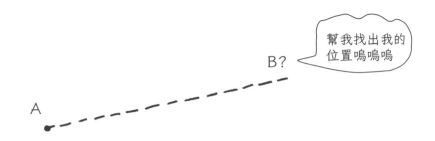

A 點想起了跟線段 $\overline{AB}$ 要好的線段 AC，向它發出求救信號，拜託它幫忙尋找 B 點的位置。請看下圖。

線段 $\overline{AC}$ 記性好，它記得自己過去與線段 $\overline{AB}$ 的夾角為 60°，於是線段 $\overline{AC}$ 要求 A 點幫忙畫出一條虛線，讓它與線段 $\overline{AB}$ 呈 60° 夾角。雖然畫出這條虛線並不能找出 B 點的位置，但能找到 B 點所在位置的方向。簡言之，B 點存在於下圖虛線上的某處。

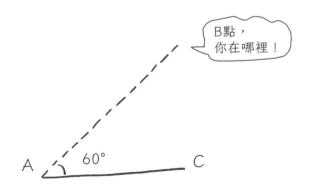

線段 $\overline{AC}$ 還記得它和線段 $\overline{BC}$ 的夾角為 30°，又要求
A 點畫出以 C 點為端點，能與線段 $\overline{BC}$ 形成 30° 夾角的線
段。A 點終於找到了滿足與線段 $\overline{AC}$ 夾角呈 60°，又與線
段 $\overline{BC}$ 夾角呈 30° 的交點。

「找到了！」

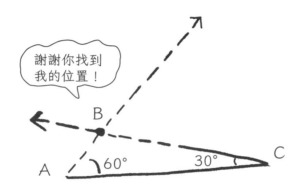

這個交點就是 B 點。A 點找出 B 點後，終於想起了
三角形 ABC 本來長什麼模樣。多虧了線段 $\overline{AC}$ 的幫忙，
A 點才順利找出 B 點的位置。記住自己的位置竟然這麼
重要。

三角形由三邊和三角所構成，三邊與三角所帶來的
六個關鍵資訊，能決定三角形的一切，可稱之為三角形
的 DNA。

```
┌─────────── 三角形的6要素： ───────────┐
│                                            │
│   △ ABC：AB長、BC長、CA長、∠A大小、       │
│          ∠B大小、∠C大小                   │
│                                            │
└────────────────────────────────────────────┘
```

　　如果 A 點想複製三角形 ABC，就需要這六個資訊才
行吧？可是它剛才找 B 點的時候，似乎不用全部知道也
沒關係，只知道最基本的資訊，說不定更方便。那麼要
複製唯一三角形所需的最基本資訊有哪些呢？

　　根據上述情況，A 點得到的資訊有線段 AC，角 A 和
角 C，它只知道三個資訊就複製出一模一樣的三角形。
除此之外，還有哪些是複製唯一三角形的最基本資訊呢？

　　試想 A 點只知道三邊邊長的資訊時會如何？若 A 點
只知三邊邊長，A 點能畫出的三角形只有三角形ABC嗎？
萬一用三邊邊長能畫出各式各樣大小不一，形狀不同的
三角形的話，已知三邊長就很難成為複製唯一三角形的
決定條件。

　　為了知道答案，A 點嘗試用圓和直線製圖。為了方
便製圖，A 點以長度最長的 BC 邊為底。如下圖所示，利
用圓規在 BC 邊上畫 AB 邊的時候，A 點可以出現在圓周
上任一處。

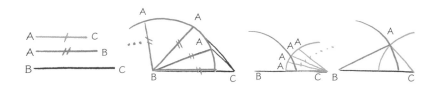

　　雖然 A 點可以出現在圓周上任何地方，可是想固定 A 點，複製出三角形 ABC，它就得利用 AC 邊，找出一個固定的位置。A 點畫出了一個以 AC 邊為半徑的圓，這時候，是不是出現了兩圓的交點。這一個交點就是 A 點，A 點是不是就能複製出另一個三角形 ABC 呢？由此得出結論：只要知道三邊長資訊，就能複製出唯一三角形。

　　此外，在這個過程中，A 點還知道了另一件事：假如三角形最長邊的邊長大於其他兩邊的和，則無法形成任何三角形，因為圓與圓不相交。

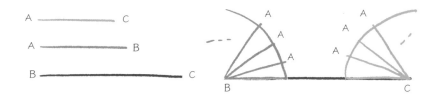

　　目前為止，我們了解要複製出同一個三角形的兩組條件：已知三角形任一邊長及相鄰兩角之角度，或已知三邊長，我們就能用圓規複製出唯一三角形。

還有一種情況也能複製出唯一三角形，就是已知三角形兩邊長和兩邊夾角時。

如下圖所示，已知線段 $\overline{AB}$ 長、線段 $\overline{BC}$ 長和夾角 B 的角度，則線段 $\overline{AC}$ 就被決定好了，我們能畫出的三角形當然只有一個，即三角形 ABC。

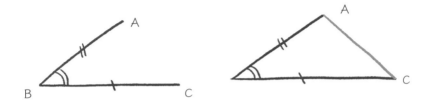

如上所述，三角形可以根據下列寫出的最基本資訊，決定唯一三角形形狀與大小，不用非得要三邊與三角六個資訊都知道才行。

（1）已知三邊長時
（2）已知任一邊邊長及該邊相鄰兩角之角度時
（3）已知任意兩邊邊長及其夾角角度時

只要有三個資訊就能決定唯一三角形，剩下的三個未知資訊會自動被決定。

（1）△ABC⇔〔$\overline{AB}$長，$\overline{BC}$邊長，$\overline{CA}$邊長，？，
　　？，？〕

（2）△ABC⇔〔$\overline{AB}$邊長，？，？，∠A大小，∠B
　　大小，？〕

（3）△ABC⇔〔$\overline{AB}$邊長，$\overline{BC}$邊長，？，？，∠B
　　大小，？〕

上面的（1）、（2）和（3）的情況，稱為三角形的決定條件。除了決定條件之外，得到其他任何三種資訊，都無法決定出唯一三角形。

舉例來說，我們來想一想已知三角角度的情況吧？大家請看下圖。三角形 ABC 和三角形 AB' C' 雖然有相同大小的三個角，但本身大小不一樣吧？那它們就不是彼此的分身了。

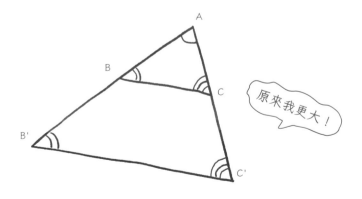

如果在相同的三角形決定條件能得出兩個三角形呢？那麼這兩個三角形除了位置不同之外，它們的形狀與大小都會一樣。因此，三角形的決定條件也是兩個三角形的形狀和大小是否相同的決定條件。

　　當兩個三角形的形狀和大小相同時，會被稱為全等三角形，（1）（2）（3）是三角形的全等條件，主要用在比較兩個三角形的時候。

　　一旦三角形知道自己的全等條件，它去到平面世界的任何地方，都能輕鬆認出和自己一模一樣，或是自己的分身三角形。

　　讓我們再進一步思考吧，什麼樣的圖形擁有最穩固的結構？還記得我們看見三角形就會感覺到安全感嗎？這句話是真的，不單純是感覺，事實就是如此。

　　看看三角形。我們已經學會已知三角形三邊長是唯一三角形的決定行條件之一，如果我們把三根木頭當成三角形的三邊，我們只能做出一個圖形，對吧？因為絕不可能出現另一個圖形，安全感由此而來。

　　相反地，如果我們用四根木頭組成四邊形，我們無

法只組出唯一的圖形，這四根木頭可以不斷地移動，創造出各式各樣的四邊形，對吧？意思是，四邊形的形狀不固定，變動機率高。所以，人們想蓋一棟堅固的建築物時，通常採用三角形構造。建築中會使用的桁架構造如下：

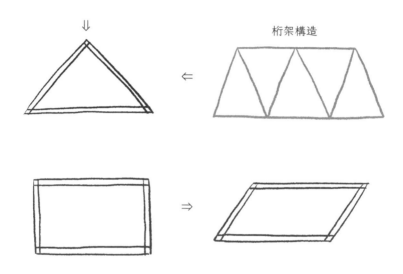

[動動腦] 三角形的全等條件（3）「已知兩邊邊長和其夾角角度時」，如果替換掉「夾角」，改成「已知兩邊邊長和任一角的角度時」也能成為三角形的全等條件嗎？

圓和直線相遇的時候

　　多邊形們的最終目標是成為完美的圓，可是圓總是孤零零一個人。

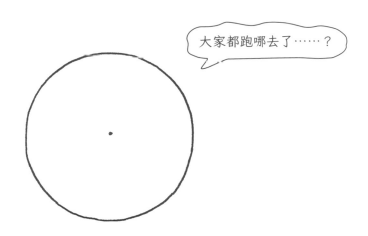

大家都跑哪去了……？

某一天，直線跟圓擦身而過，圓產生了莫名的溫馨感，彷彿獲得了安慰。

　　心存遺憾的圓回憶起和直線相遇的記憶。起先圓與直線相交於一點，圓沿著直線滾動，變成相交於兩點，再交於圓心。圓和直線的見面始於 A_0，終於 A_4。

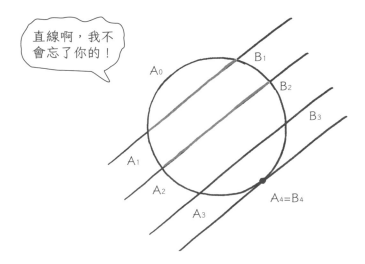

　　雖然圓跟直線分道揚鑣，但圓為了紀念兩人的相遇，決定替那次相遇取名。當相交點有兩點 A_1 和 B_1 時，那麼連結這兩點的線段就叫弦 A_1B_1。我們替某樣事物命名，

代表賦予其意義，對吧？

圓用 A_1B_1 把自己分成兩部分，其中短的部分叫弧 A_1B_1，就是下圖中最上面的部分。而長的部分，因為另一邊的弧與下方線段相交，故多出了一個相交點，所以叫作弧 $A_1B_4B_1$。這個弧該不會仗著自己比較長，想獲得更好的待遇吧？

直線與圓周相切於 A_0 和 A_4 點，是以這兩個點被稱為切點，剛好碰觸到切點的直線被叫作切線。若圓用它圓滾滾的身材到處滾動，應該會產生數不清的切點和切線吧？

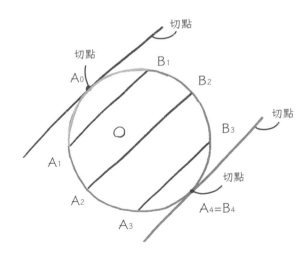

接著，圓把圓周和弦相交的兩點和圓心相連，是不

是看見了三角形？這時候，由於圓心與弦的端點的距離都為等長的半徑，可知三角形 OAB 為等腰三角形。

所有與圓周接觸的弦的兩端點，與圓心相連所形成的三角形，居然全都是等腰三角形。真是帥氣的結果！

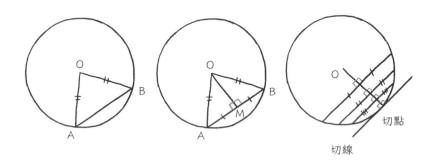

這次圓試著把弦 AB 的中點 M，與圓心 O 相連，是不是產生了兩個三角形？三角形 OAM 跟三角形 OBM 有一條公共邊 $\overline{OM}$，邊 $\overline{OA}$ 和邊 $\overline{OB}$ 與半徑等長，而邊 $\overline{AB}$ 被從中切開成邊 $\overline{AM}$ 和邊 $\overline{BM}$。也就是三角形 OAM 與三角形 OBM 的三條邊都對應相等，因此這兩個三角形是全等三角形，角 OMA 和角 OMB 為直角。

圓現在知道了線段 $\overline{OM}$ 垂直於弦 AB 上，它想把弦往下挪，結果變得怎樣呢？弦長變得越來越短，最後變成了一點，那就是切點。

這時候，和切點接觸的直線就是切線，而切線和半徑垂直。光是切線和圓相交於一點就已經夠特別的了，沒想到半徑居然與切線垂直！

圓知道了當直線和自己相交於兩點時，這兩點之間的最長距離會是直徑。如果再多想想，是不會還會有更多有趣的事呢？

接下來，一起來看看直徑上會發生什麼事吧？A 點和 B 點被稱為直徑的兩端點，圓試著在圓周上畫出不同的 C 點與三角形 ABC。會出現什麼三角形呢？

圓利用等腰三角形的性質，試求各種 C 點。大家都知道等腰三角形的兩底角相等吧？

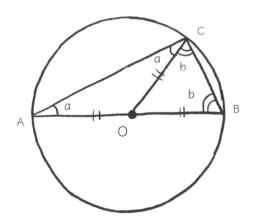

首先，圓連結起圓心 O 和 C 點，再連接 O、C 和 A 點，畫出了三角形 OCA。既然三角形 OCA 其中兩邊長等於半徑長，它當然會是一個等腰三角形，且擁有兩個角度相同的角 a。

圓又連接了 O 點、B 點與 C 點，畫出了三角形 OBC。不出所料，三角形 OBC 也是等腰三角形，擁有兩個角度相同的角 b。如圖所示，角 C 為角 a 和角 b 之和，利用三角形內角和為 180° 的性質，可導出下列公式：

$$180° = 2\angle a + 2\angle b$$

角 C 是 180° 的一半，也就是 90°，則三角形其中一角為 90°，即直角，那麼這個三角形叫什麼？正是「直角三角形」。

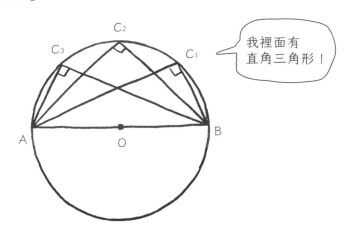

這種現象不僅發生在三角形 ABC 身上，圓發現把直徑兩端點與圓周任一點連成三角形時，全都是直角三角形。大家看到都是直角的時候，是不是覺得很特別呢？

圓打算反向思考，不要再思考圓的事，改思考線段 $\overline{AB}$。如下圖所示，圓收集了所有以線段 $\overline{AB}$ 為斜邊的三角形，把它們的頂點相連。大家有看出什麼嗎？

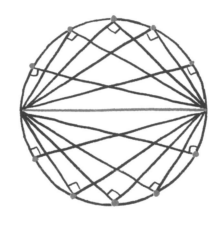

連成一個圓了！把相同線段作為斜邊的直角三角形的頂點連起來，就能創造一個完美的圓，大家是不是很驚訝呢？

連起圓的直徑和圓周上任一點，就能形成直角三角形，是不是非常神奇？圓心想，那如果這次不連圓的直徑，改連弦和圓周上任一點，會發生什麼事呢？

圓這次不用直徑當邊，改用弦 AB 當邊，從圓周上挑選出許多不同的 C 點，將弦 AB 的兩端點與不同的 C 點相連，形成不同的三角形 ABC，然後，圓比較了每個 C 角的角度。

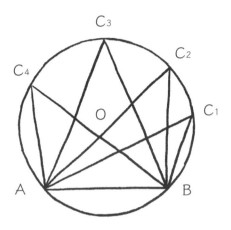

　　圓需要一個中心角才能進行比較，所以它利用了把圓心 O 作為頂點的角 AOB。兩條圓半徑的夾角叫圓心角，如角 AOB；兩條弦的夾角叫圓周角，如角 ACB。

　　已知兩條半徑為邊的三角形會是等腰三角形，故可導出兩底角等大的結論，大家都知道這件事吧？

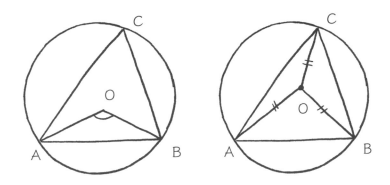

另外要記住的是，三角形任一外角，等於另外兩個不相鄰內角之和。請大家看清楚下圖。假設等腰三角形 AOC 的兩底角稱為 x，等腰三角形 BOC 的兩底角稱為 y，還有延長半徑 $\overline{CO}$，把半徑 $\overline{CO}$ 和邊 AB 的相交點稱為 D。

角 AOD 為三角形 AOC 的外角，等於兩個不相鄰內角的和 2x。同理，角 BOD 是三角形 BOC 的外角，等於兩個不相鄰內角的和 2y。

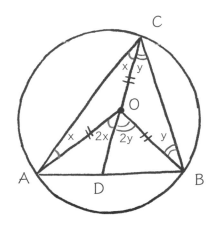

雖然看來複雜，不過大家依圖索驥就能輕鬆理解。
上述內容可簡單寫成如下算式：

$$\angle AOB = \angle AOD + \angle BOD$$
$$= 2\angle x + 2\angle y$$
$$= 2(\angle x + \angle y)$$
$$= 2\angle ACB$$

　　我們已知圓心角 AOB 的度數為圓周角 ACB 的兩倍，
而任何圓周角的度數都會是圓心角度數的一半。為什麼
呢？因為圓心角 AOB 的角度固定不變，所以即使 C 點移
動到圓周上其他位置，將弦 AB 與圓周上任意 C 點連成
三角形，圓周角 ACB 的度數也是相同的。

　　說到這裡，大家明白了嗎？弦 AB 和圓周上任一點相
連所形成的圓周角的角度，永遠是圓心角度數的一半。
圓周角的度數會是相同的。

　　請看下圖。若取弦 AB 下方的圓周上任一點，畫出圓
周角，此圓周角會跟前面的圓周角角度相同嗎？還有，
弦上方所形成的圓周角，和弦下方所形成的圓周角角度

會相同嗎？乍看之下，是不是覺得弦上方所形成的圓周角角度，和弦下方所形成的圓周角角度不同呢？

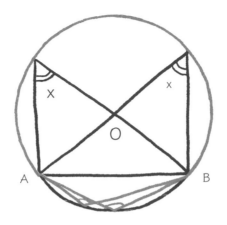

　　圓為了確認這件事，認真地看著下圖動腦筋。圓周角 BCA 對應的圓心角是角 BOA，對吧？這裡的角 BOA 指的是依反時鐘方向 B、O、A 畫出的圓上方的角。

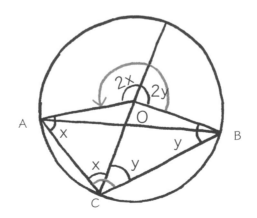

回想了一下前面提過的等腰三角形性質：等腰三角形的兩底角角度相等，以及外角等於其他不相鄰的兩內角和。請大家記住這兩種性質，專心看下面的解釋。

三角形 OAC 和三角形 OCB 各擁有角 O，圓心角 BOA 是角 O 的外角和，也就是 2x+2y。在下圖中，既然圓周角 C 的角度為 x+y，可推導出圓心角角度是圓周角角度的兩倍。即使移動 C 點，圓心角 AOB 的角度也是固定不變的，因此，不管圓把 C 點定在弦 AB 下方圓周上任何地方，圓周角 ACB 的角度也會固定不變。

上述內容可寫成算式：

$$\angle C = x+y = 2x+2y = \angle BOA$$

通常指稱圓心角和圓周角的時候，更常被提到的是「弧」，而不是「弦」。正如下圖，不管弧 AB 恰好與半圓等大、弧 AB 小於半圓，或大於半圓，圓心角都會是圓周角的兩倍。

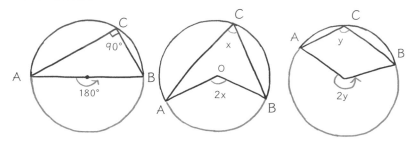

這次圓想連起圓周上的四個點，畫出圓內接四邊形，好奇會發生什麼趣事。

對角相加會是夢幻的 180°。因為圓心角角度是圓周角角度的兩倍，若圓周角 ACB 度數為 x，圓心角度數則為 2x。同樣地，若圓周角 ADB 度數為 y，圓心角 BOA 度數則為 2y。

此外，2x 與 2y 加總，恰好為一圈，即 360°，故可導出 x 與 y 之和為 360° 的一半。由此得證，圓內接四邊形的相對兩內角和為 180°。

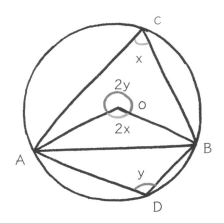

反推回來，若有一個四邊形的相對兩內角和為 180°，則其四頂點都會落在同一個圓的圓周上。發生在完美的圓上的事都很夢幻呢！

然後，圓想知道如果有一任意線段 $\overline{AB}$，它該如何畫出以線段 $\overline{AB}$ 為弦的圓呢？

於是他先定了一個任意角度 75°。它以線段 $\overline{AB}$ 為底邊，集合所有頂角為 75° 的三角形，創造出一個弧，又集合了所有弧對面，以線段 $\overline{AB}$ 為底邊，且頂角為 105° 的三角形。

大家知道為什麼是頂角 105° 吧？別忘了，圓內接四邊形的相對兩內角和必為 180°。

圓連起這些三角形的頂點，畫出一個以線段 AB 為弦的圓。

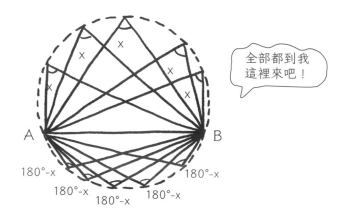

可是，若這兩個點合在一起，故事會全然不同。為什麼呢？因為兩點合在一起，會產生無限直線。點以這條直線為起點，探索神祕的圖形世界，渴望成為完美的圖形，那就是「圓」。

我要繼續努力變成圓才行！

渺小的點就像大家一樣，有著無限潛力，希望大家不要忘記這件事。那麼，我們來看看一條直線如何與其他點相遇，從而形成完美的圓吧。

位於直線外的某一點靠近直線上的兩點。

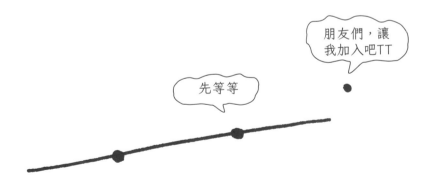

朋友們，讓我加入吧TT

先等等

這個不在直線上的點，不能跟直線上的兩點玩在一起。除非它們創造以三點為頂點的三角形，才偶爾能碰在一起。我們之前也證明過了，能讓它們一直在一起的機會真的非常少。於是，點們左想右想，想找出一種神祕又完美的型態，讓它無時無刻能和其他兩點在一起，有所歸屬。

點們認為那個神祕完美的型態就是圓，它們更深入了解圓。想創造一個圓就得有圓心，而且從圓心到三個點的距離應該要相同才行，對吧？該怎麼找出和三個點距離相同的圓心呢？

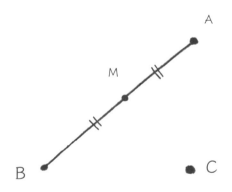

讓我們跟著點們一步步思考吧。這三個點叫作 A 點、B 點和 C 點。它們決定先找出 A 點到 B 點的中點。

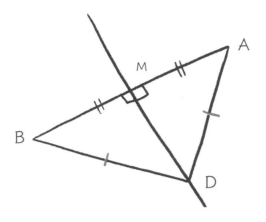

　這樣子就出現了 $\overline{AB}$ 的中點 M，對吧？這次點們畫出了穿過 M 點，垂直於線段 $\overline{AB}$ 的直線，也就是垂直平分線。點們思考起垂直平分線上的點點們決定了垂直平分線上任意一點，稱為 D 點，將其與 A 點、B 點相連。D 點的位置可任意決定。現在是不是產生了兩個三角形？

　線段 $\overline{DM}$ 為兩三角形之公共邊，並且與線段 $\overline{AM}$ 和線段 $\overline{BM}$ 等長。加上，線段 $\overline{DM}$ 為垂直平分線，故角 DMA 與角 DMB 的角度均為 90°。由於兩邊邊長及夾角相等，可知這兩個三角形是全等三角形。

　垂直平分線上的任意點，D 點分別與 A 點、B 點形成的兩條線段，理所當然會等長。換言之，線段 $\overline{AB}$ 的垂直等分線上的任意點，到 A 點的距離和到 B 點的距離會相等。

看下圖。同樣地，如果點們畫出線段 $\overline{AC}$ 的垂直平分線，垂直平分線上任意點到 A 點和 C 點的距離也會相等。而這兩條垂直平分線的交點稱為 O 點，因為線段 $\overline{OB}$ ＝線段 $\overline{OB}$，線段 $\overline{OA}$ ＝線段 $\overline{OC}$，可推導出，O 點為圓心時，從 O 點到 A 點、B 點及 C 點的距離都會相等。

點們把這相等的距離當成半徑使用，創造出了圓。這個圓會通過它們，把它們連起來。點們利用垂直平分線，找出了能把它們連在一起的圓呢。

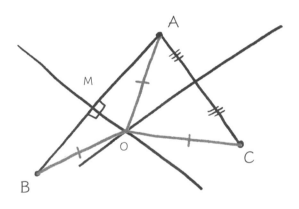

這三個點也不知道自己有所有圖形都夢寐以求的，成為圓的驚人能力。

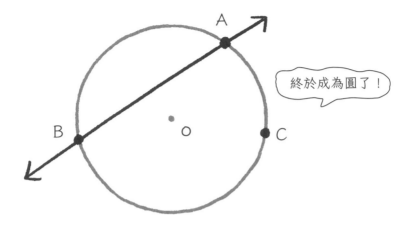

終於成為圓了！

　　點們煩惱著要怎麼稱呼這個圓。它們想到自己是三個點，發想到了三角形，決定幫圓取名叫三角形 ABC 的外接圓，而外接圓的圓心被叫作外心。

　　發現了聚在一起的方法，點們非常開心。不在同一條直線上的三個點找到了一個能與三角形頂點相接的圓。這個圓能讓點們一起生活在圓裡。這三個點順利創造出一個圓之後，想再看看自己還能做什麼。

　　點們擁有肉眼不可見的能力，既能形成一個三角形，也能形成一個圓。肉眼不可見不代表不存在，對吧？點可以以點的狀態單獨存在，也可以跟其他點合作，以三角形的狀態存在。

點竭盡全力，想實現讓自己成為圓的目標，想實現目標，點需要垂直平分線的幫忙。

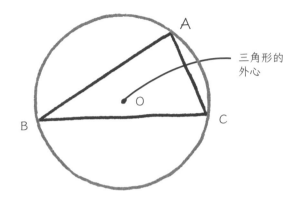

三角形的外心

某一天，另外四個點 D、E、F 和 G 聽說了三個點的故事，被激發好奇心。它們想知道自己除了能形成四邊形之外，是不是也能形成一個圓呢？這時，它們想起四邊形說過的話。

聽說A點變成了圓！

真的嗎？我們也來動動腦！

四邊形說：「想成為一個圓內接四邊形，對角之和得是 180°。」啊哈！原來利用這個性質，就能確認它們

屬不屬於同一個圓。已知四點時，畫出四點為頂點的四邊形，藉由圓內接四邊形對角互補這件事，便可確認這四個點能否形成一個圓。

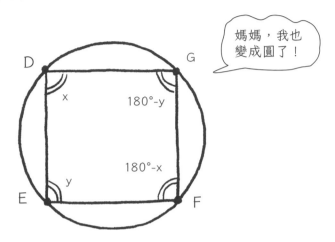

媽媽，我也變成圓了！

點們把自己連起來，畫出了四邊形，重要的是，它們得確認相對兩內角和是否為 180°。如果有一對相對兩內角和為 180°，則它們屬於同一個圓；如果有一對相對兩內角和不為 180°，它們就不屬於同一個圓。

可是，為什麼只確認一對對角和？這是因為四邊形內角和為 360°，如果有一對對角和為 180°，剩下的那對的對角和當然也是 180°。

像下圖的情況，因為有一對對角和不是 180°，可知四點不屬於同一個圓。

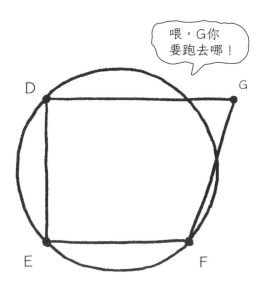

　　如果我們能像點們一樣，努力挖掘潛力，將分開的
同伴們聚集到一個圓裡，我們也能帥氣重生。為了像點
們融合成一個圓一樣，我們要相信自己是有潛力的，要
努力發揮團隊合作精神。

把角平分時會發生什麼事？

把角平分會發生什麼驚人事件呢？

圖形們很重視「中間」，不厚此薄彼，講究公平，所以有時它們會公平地對分。把線段平分的點叫中點，把角平分的線叫角平分線。

大家還記得平分三角形的邊時，會產生「外心」吧？那如果平分角會怎樣呢？會不會也發生驚人事件？圖形們心頭小鹿亂撞，畫出了三角形 ABC 三內角的角平分線。

哇！太不可思議了！三內角的角平分線居然在同一個點相遇？

任意三條線要在同一點上相遇的機率有多大？這就像在我們國家裡互不相識的三個人，在同一個地方遇見的機率，幾近不可能，對吧？

在三角形的世界裡，不平行的兩條直線相遇，理所當然，但「點」是無法分解的型態，僅有「位置」，不是嗎？所以三條線準確通過同一點的機率，幾乎是零。

但是，三角形三內角的角平分線卻超越了不可能，在同一點相遇。真是難以置信的驚人事件。三角形擁有的重要 DNA 是這個天方夜譚實現的原因。

我們來看一看事情經過吧？圖形們先畫出了角 A 與角 B 的角平分線。由於這兩條線不平行，所以能在 I 點相遇。

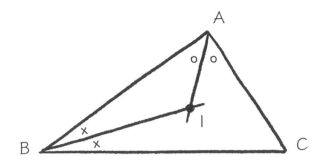

　　圖形們打算畫出從 I 點出發，與三邊相連的最短距離
的線段，那麼就得畫出垂直於三邊的線，對吧？圖形們
把這三條線垂直於三邊的交點，分別命名為 D 點、E 點
與 F 點。

　　過三角形任一頂點且垂直於對邊的直線，稱為高線，
而高線與對邊的交點叫垂足。因為連到了底，所以叫
「足」，很好記吧？圖形們試著畫出高線，大家是不是
看見了直角三角形？

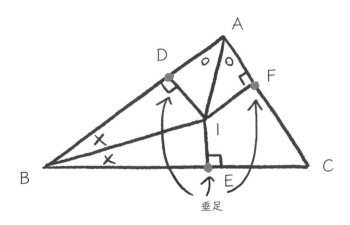

圖形們打算先看一下三角形 DBI 和三角形 EBI。

在直角三角形中，除了直角之外的兩角和為 90°。如果已知剩下兩角中其中一角的角度，當然就會知道最後一角的角度。

這兩個三角形有公共邊，且平分角 B，所以有一個內角的角度是相等的。再者，它們都有一個直角，故可推導剩下的內角角度也會相等。三角形 DBI 和三角形 EBI 是全等三角形。

以此類推，三角形 DIA 和三角形 FIA 也會是全等三角形，因此線段 ID、線段 IE 與線段 IF 等長。

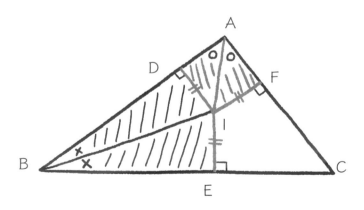

既然圖形們已知三角形 IEC 和三角形 IFC 全等，且線段 IC 為角 C 的角平分線，所以它們知道了三內角的角平分線會在同一點相遇！

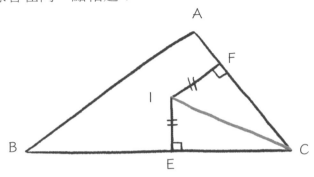

接著，圖形們觀察三內角的角平分線什麼時候在同一點相遇的呢？

線段 ID、線段 IE 與線段 IF 不是同長嗎？如果相交於一點的三條線段等長的話，圖形們輕而易舉就能畫出以這個長度為半徑的圓吧？

於是，圖形們畫出以 I 點為圓心，以線段 ID 為半徑的圓，該圓會通過 E 點與 F 點。這個圓是三角形 ABC 的內切圓。

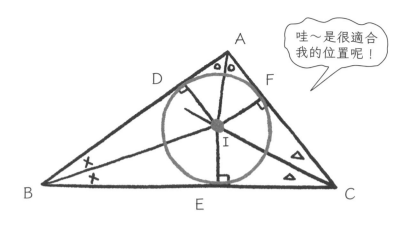

是不是很奇妙！每個三角形都有內切自己的圓，稱為內切圓。內切圓的圓心被稱為該三角形的內心。

所有三角形的三邊垂直平分時，會形成外心；三內角平分時，會形成內心。

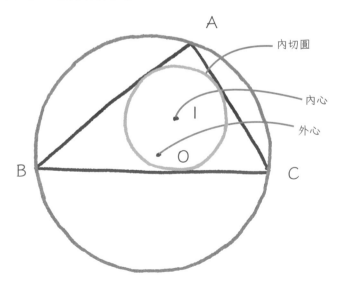

追求完美的三角形

圓隱藏在三角形中的祕密是什麼呢？

外接圓以外心為圓心，圍住了三角形，內切圓以內心為圓心，被三角形包圍。三角形擁抱完美的圓，也被完美的圓擁抱，但它本身卻不完美，頂多能稱為是追求完美的存在。

人類也一樣。追求完美有什麼好處？完美反映了我們的不足之處，使我們努力追求完美，對吧？如果沒有認知自身不足的契機，我們就不會期許自己變得更好，更不會進步。

因為自己不夠好而絕望或自暴自棄，不是正確的態度，最重要的是，借鑑完美，承認自己的不完美，並保有積極向上的態度。

完美是上天的標準，
追求完美是人類的標準。
——詩人歌德 (Johann Wolfgang von Goethe)

三角形利用內心領會到自己裡面有內切圓，並與內切圓於三點相遇。不完美的三角形逐漸迷上帥氣的內切圓，夢想成為完美的存在，積極看待自己。同時，它也好奇它與內切圓相遇的切點位置。

請大家想想看。在以內心為圓心的圓中，圓半徑小於內切圓半徑時，該圓與三角形的邊不相交；放大半徑，該圓在某一刻會與三角形相切於三點；再繼續放大，該圓會與三角形相切於六點，如下圖所示。

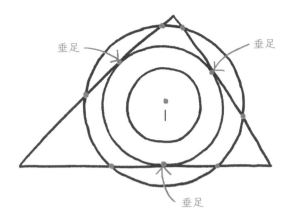

　　三角形們好奇跟圓相遇的三個神祕切點，也就是三個垂足落在三角形三邊的位置。三角形想知道究竟落在了三邊的哪裡呢？

　　當三角形們對這件事感到好奇的時候，圓說道：「想知道答案，利用我就行了！當弦為直徑時，圓心角為 180°，對應圓周角為 90°，對吧？利用這個性質就可以了。」三角形們躍躍欲試，決定按這個方法找看看答案。請大家看下圖吧。

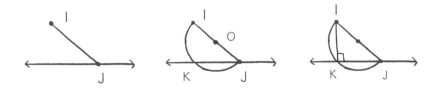

三角形們在直線外存在 I 點的情況下，在直線上定出任意點，稱之 J 點，再訂線段 $\overline{IJ}$ 的中點為 O 點。它們以 O 為圓心，線段 $\overline{IJ}$ 為半徑畫圓，把圓跟直線的相交點稱為 K 點。如此一來，角 IKJ 就是直徑對應的圓周角，是個直角，K 點則是 I 點的垂足。

　　如果三角形們訂出一個新的 J 點，畫圓，新的圓也會通過 K 點嗎？答案是肯定的。因為垂足只有一個，所以不管從哪一個點畫圓，絕對都會經過 K 點。

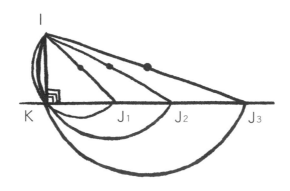

[動動腦] 某一點與直線相交的垂足為什麼只有一個？如果有兩個，會發生什麼問題？

重心—尋找我真正的模樣

把三角形 分為六，會發生什麼事？

大家請看下方的三角形，它被一分為二了對吧？把三角形頂點與其對邊中心相連，切分三角形，兩個新三角形完全變了個模樣，對吧？那麼這兩個三角形的面積會變怎樣呢？

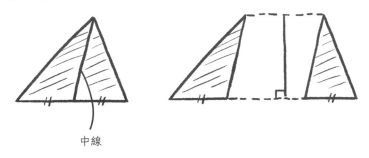

中線

神奇的是，它們的面積相等。因為兩個三角形有相同的底和高。

中線就是三角形頂點到相對邊中點的線段，所以說三角形應該會有三條中線吧？

那麼這三條中線會不會像三內角平分線相交於內心一樣，也相交於一點呢？奇蹟果然發生了，三條中線帥氣地相交於一點。

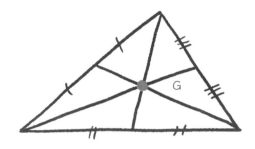

三角形們畫出了三條中線，把原本的三角形分成六個小三角形。這六個小三角形的共同點是？

如下圖所示，三角形 GBE 和三角形 GCE 的底邊等長，高度與面積也相等，三角形們用①標記兩個三角形的面積；用②標記等大的三角形 GCF 和三角形 GAF 面積；用③標記等大的三角形 GAD 和三角形 GBD 面積。

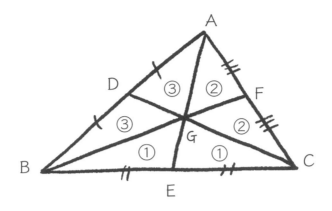

通過重心的中線 AE 能平分面積：

①＋③＋③＝①＋②＋②
→②＝③

通過重心的中線 BF 也能平分面積：

①＋①＋②＝②＋③＋③
→①＝③
→①＝②＝③

　　由上述算式可看出①、②與③面積相等。六個三角
形的面積均相等，三條中線的交點稱為三角形的重心。
三角形們對它產生了興趣。

這時候，出現一個有趣的現象：既然六個三角形面積相等，那麼三角形 ABG 的面積應該是三角形 GBE 的兩倍，對吧？還有，線段 $\overline{AG}$ 和線段 $\overline{GE}$ 為這兩個三角形的底邊，加上這兩個三角形等高，可成立下列算式：

$$\overline{AG}=2\times\overline{GE}$$

同理可得其他算式：

$$\overline{BG}=2\times\overline{GF}$$
$$\overline{CG}=2\times\overline{GD}$$

所以說，重心 C 切割三條中線之比為 2：1。

以上是三角形尋找外心、內心與重心的過程，也是三角形隱藏自我的過程。如果我們想了解一個人的真實模樣，知道對方外表長怎樣很重要，但了解肉眼看不見的內在本質也很重要，對吧？

從對方的想法、心態，隱藏的個性，我們能了解那個人是怎樣的人。這個道理同樣能套用到我們自己身上，如果我們更精準了解自己的真實模樣，我們會變得更珍

惜自己，而懂得珍惜自己的人，身邊的人也一樣會珍惜
你。

　　　沙漠之所以美麗，是因為它藏在某處。
　　　人類只有通過心才能看得清。
　　　真正重要的事物是肉眼所看不見的。
　　　　　　　　　　　　　　　　——安東尼・聖修伯里
　　　　　　　　　　　　　　　（Antoine de Saint-Exupéry）

複習一下〔第2課〕

三角形面積

高

C   D   E   F   1

A   B   2

如果「直線1」和「直線2」平行，底與高等長的四個三角形面積也會一樣。

三角形面積

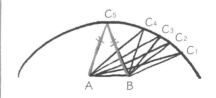

周長相同的三角形ABC_1~ABC_5中，面積最大的三角形是高度最大的等腰三角形ABC_5。

製圖
■國中數學1-2

所謂的製圖就是，利用沒有刻度的尺和圓規畫圖形！

三角形的全等條件
■國中數學1-2

(1)  當相對的三邊等長時

(2)  當相對的兩邊長和其夾角角度相等時

(3)  當相對邊等長，兩端角的角度也相等時

圓的切線
■國中數學2-1

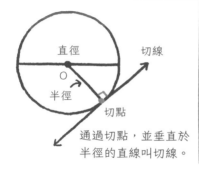

直徑   切線

O

半徑

切點

通過切點，並垂直於半徑的直線叫切線。

三角形的外接圓
■國中數學3-2

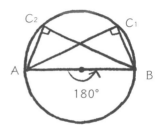

C_2 C_1

A   B

180°

連接直徑兩端點和圓周上任一點的三角形，全都是直角三角形。

圓周角	四邊形的外接圓
■國中數學3-2	■國中數學3-2

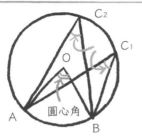

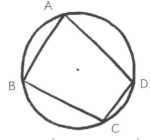

圓周角=$\frac{1}{2}$圓心角 對應同一弧的圓周角大小相等。	∠A+∠C=180° / ∠B+∠D=180°

三角形的內心及外心	三角形的重心
■國中數學2-2	■國中數學2-2

外心　內心

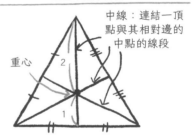

中線：連結一頂
點與其相對邊的
中點的線段

重心

2

1

外心：三邊垂直平分線的交點 內心：三內角平分線的交點	重心：三角形的三中線交點 重心分割三條中線之比為2：1

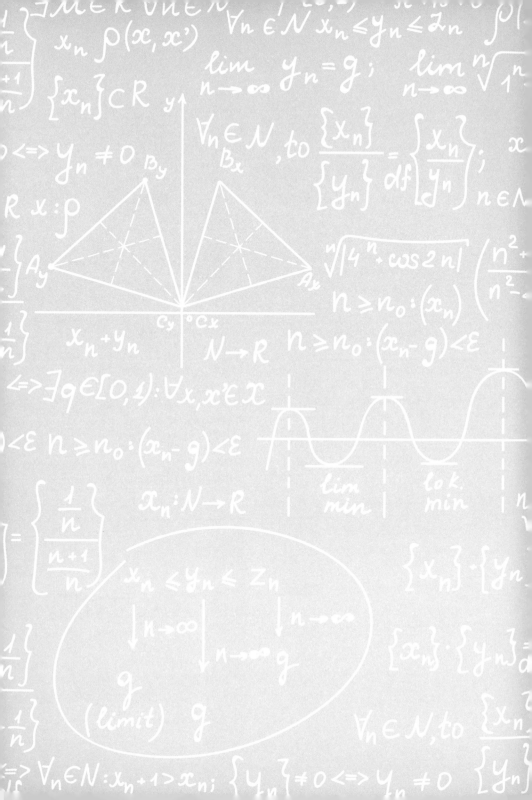

第 3 課

數學就這樣向我走來

相似、圓周率、畢氏定理

相似——有你好幸福！

　　什麼叫相似？

　　大家都聽過父母和子女、兄弟姊妹被說長得像吧？「相似」就是包括長相、性格和習慣在內，某些特點很像的意思。在圖形世界裡也有「相似」的概念。來看看三角形吧？

　　看下面的三角形，是不是覺得它們像擁有相同基因的兄弟？

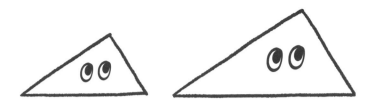

　　我幫大家量了角度,確定它們是不是具有相同特性,驚奇的是,它們三個對應角角度都相等。

　　儘管它們大小不一,但因為長得像,在數學上會說「這些三角形是相似形」,又被稱為「相似三角形」。相似三角形的條件是,三組對應角的角度必須相等。但因為所有三角形的內角和都是 180°,所以就算只有兩組對應角的角度相等,也能成為相似三角形。

　　我們藉由正方形來了解相似三角形的特性吧?先把多個小正方形拼起來,形成一個大正方形,再放上幾個

相似三角形，這幾個三角形的對應邊具備什麼規律呢？
大家看下圖應該看得出來吧？

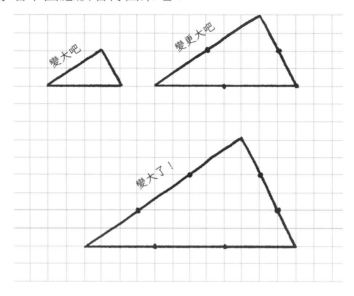

　　如圖所示，我們在三角形們的對應邊之間發現了某
種驚人的規律。仔細觀察小三角形和其他兩個三角形的
對應邊，會發現其他兩個三角形的三邊長分別為小三角
形三邊長的兩倍與三倍長。在這裡體現了相似三角形的
兩種特性：三個對應角的角度相等，以及對應邊邊長會
等比例成長。

　　為了驗證這兩種特性，我們多找幾個相似三角形進
行比較，得到的結果也是一樣的。

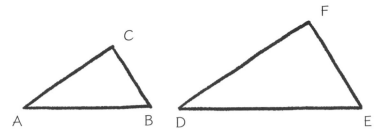

所以，我們可以把相似三角形 ABC 和 DEF 的長度
關係整理如下：

$$\frac{\overline{AB}}{\overline{DE}} = \frac{\overline{BC}}{\overline{EF}} = \frac{\overline{CA}}{\overline{FD}}$$

再看看下圖。三角形 ABC 與 AB' C' 擁有兩個角度相
等的角 B 和 B'，它們看起來是不是很像？它們是相似三
角形。大家都知道相似三角形的定義吧？對應角相等。

下圖中，角 A 是兩個三角形的公共角，角 B 和角 B'
是等角，再加上三角形內角和為 180°，所以剩下的一個
角必然相等，故三角形 ABC 和三角形 AB' C' 為相似三角
形。

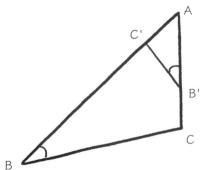

消失點:從人類的角度看見的東西

　　圖形中的「相似」概念隱藏在我們生活中。當我們走在路上，我們會看見光線照出身影，影子不等於實際的我，卻與我莫名地相似。電視和相機是利用「相似」概念創造出的代表性產物。電視上的人實際上沒那麼迷你，卻以「相似」概念出現在電視上。

　　相似概念也被應用在繪畫中。「遠近法」就是利用相似概念的繪畫技法。它將遠處物體畫小，以營造遠近錯覺。按理說，使用遠近法畫圖，畫中的遠處事物應該會凝聚成一點，對吧？這一點在美術中被稱為「消失點」（Vanishing Point）。

消失點是能看出歷史中人類思維發展過程的有趣案例。「消失點」代表有一個正在欣賞畫的觀察者，畫家會以觀察者的視角繪畫。猜測觀察者的位置是有趣的賞畫方式之一。

· 拉斐爾（Raphael）的「雅典學院」
（*The School of Athens*）

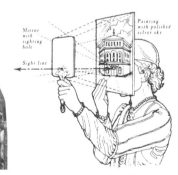

· 布魯內萊斯基
（Brunelleschi）的遠近法

我們將消失點與主張以人為本的文藝復興放在一起檢視。在消失點出現之前，中世紀西方畫作多以聖經故事為主題，那個時期的畫作多由「神」的角度出發。因為人類是僅遵照神的指示，無自我主見的個體。如實表達所見事物是畫家的義務。

　　在這種情況下，消失點反映出畫家對所繪事物的看法，觀察者的視角會被注入作品中，體現以人類視角，而非神的視角，去看待事物的意志。

　　消失點蘊藏著人類思維從以神為中心，轉化成以人為中心的巨大變化。

計算三角形面積的樂趣

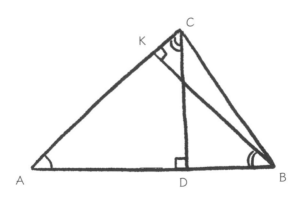

要如何求出上圖三角形 ABC 的面積呢？

正如大家所知，三角形面積等於底乘高除以二。我相信看這本書看到現在的人都會知道這件事。來，我們是不是能簡單整理如下？

$$\frac{1}{2} \times \overline{AB} \times \overline{CD}$$

　　問題是，不是只有線段 $\overline{AB}$ 才能當底，線段 $\overline{AC}$ 和線段 $\overline{BC}$ 都可以當底。線段 $\overline{AC}$ 它很想當底，換了底邊，會不會影響到三角形 ABC 的面積呢？答案是不會。因為不管底邊怎麼換，還是同一個三角形，三角形 ABC 的面積大小當然會固定。

　　雖然答案無庸置疑，但不抱疑心直接作答，不是正確對待數學的態度。我們來看看下面的證明：

$$\frac{1}{2} \times \overline{AB} \times CD = \frac{1}{2} \times \overline{AC} \times BK$$

　　因為三角形的面積是四邊形的一半，所以我們先思考四邊形。

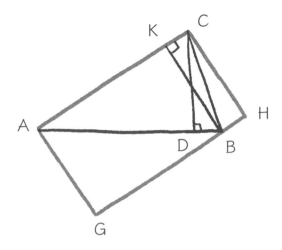

想求以 AB 邊為底的三角形面積，就得先考慮直角四邊形 ABEF 的面積；同樣地，想求以 AC 為底的四邊形面積，就得先考慮直角四邊形 AGHC 的面積。這兩個直角四邊形乍看之下，長得不像，它們的面積會相等嗎？

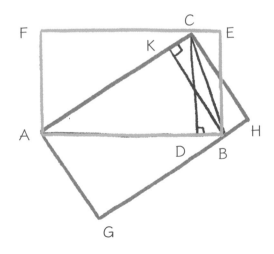

三角形們開始把自己放大與縮小，比較彼此的大小，試著找出相似三角形。直角三角形們也跟著動員，找尋自己的相似三角形。

　　由於三角形內角和為 180°，且直角三角形有一角為直角，當有好幾個直角三角形時，只要除了直角之外的剩下兩角中，有一角的角度相等，最後一個角就會相等。

　　因此，比起其他三角形，直角三角形能更輕鬆地找出自己的相似三角形。

　　看下圖。角 A 為三角形 ADC 與三角形 AKB 的公共角，且已知一角為直角。

　　所以說，最後一個角當然會相等吧？故得證，這兩個三角形是相似三角形。

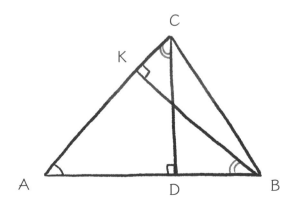

如果想檢查對應邊，只要把兩個三角形相疊就好了。

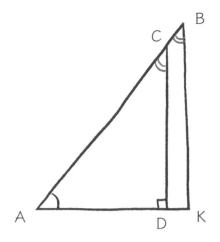

邊長的比例整理如下：

$$\frac{\overline{AB}}{\overline{BK}} = \frac{\overline{AC}}{\overline{CD}}$$

$$\overline{AB} \times \overline{CD} = \overline{AC} \times \overline{BK}$$

因為這算的是四邊形面積，得除以二才是三角形面積。我們寫成如下算式：

$$\frac{1}{2} \times \overline{AB} \times \overline{CD}$$
$$= \frac{1}{2} \times \overline{AC} \times \overline{BK}$$

由此可見，即使改用線段 $\overline{AC}$ 當底，三角形面積也不會改變。同樣地，改用線段 $\overline{BC}$ 當底，三角形面積還是不會變。總之，無論哪一個邊當底，三角形面積都不會變。

大家看了上面的過程，有什麼想法嗎？是不是覺得這麼理所當然的事，幹嘛搞得這麼複雜？

大家都知道再理所當然的事也得嚴謹求證的重要性吧？我們周遭許多事物，都是通過求證才被發現或發明。增加我們生活便利度，被我們認為是理所當然的事物，都是科學家和發明家反覆嚴謹求證後才得以發明的。

在數學的世界中也是一樣的，只是單純地解數學題太可惜了！我相信經歷過數學思維帶來的愉悅和淨化的人，不但不會厭倦數學，還會很喜歡數學。

圓周率——包含圓的神祕數字

圓周長是算得出來的嗎？

多邊形是多條線段所構成的，所以求多邊形周長並不難，不過以圓圓的線條形成的圓呢？我們求得出圓的周長嗎？多角形們跟圓也有相同的疑惑，想知道怎麼求出圓周長。這時，圓忽然大聲歡呼起來，它解開問題了！圓是怎麼解開的呢？

圓滾了滾，把自己攤成了一直線！多邊形們在一旁觀察沿著直線滾動的圓。圓滾一圈的距離就是圓周長。

從圖中能看出，圓周長和圓的半、直徑有密切關係。半徑與直徑呈倍數成長時，圓滾過的距離也會等倍成長。

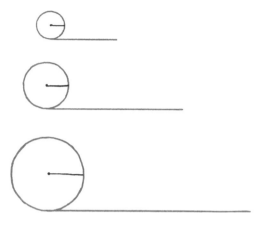

在此可推測出圓周長是「直徑 × 各圓的共同數」。

各圓的共同數？是什麼數？圓們不知道彼此的共同數是什麼，於是用 π 標記，唸成「拍」，又稱為「圓周率」。算式如下：

$$圓周率＝直徑 × π ＝ 2 × 半徑 × π$$

π 也能寫成這樣：

$$π ＝ \frac{圓周率}{直徑}$$

要想準確求出圓周率，就必須知道 π 值。在多邊形們解決問題時，圓幫了大忙。知恩圖報的多邊形們也想幫忙求圓周率。

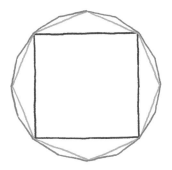

於是多邊形們召集了能幫圓算圓周率的圖形們。圓的內切正多邊形們集合！它們一直很好奇圍繞著自己的圓。由線條構成的正多邊形們認為，儘管不是準確值，不過只要求出自身周長，就能推算出圓周率的近似值。

舉例來說，正一百邊形或正兩百邊形的形狀不是跟圓差不多嗎？話雖如此，圖形們應該要發揮數學的求證精神，求出準確的圓周率才對吧？

無論如何，正多邊形們決定先求半徑為 1 圓形的圓周率。它們展開了熱烈討論，要在圓的內切正多邊形中選出一名代表。代表出爐！那就是正六邊形。正六邊形由邊長為 1 的六個正三角形所組成。由正六邊形周長為 6，正多邊形們推算出半徑為 1 的圓圓周率會大於 6。

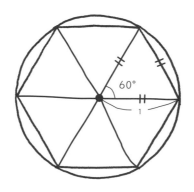

　　因為圓周率為直徑乘以 π，所以半徑為 1 的圓的圓
周率應該是 2×π，而圓周率會大於正六邊形周長，因此
可知 π 會大於 3。

　　正多邊形們通過正六邊形的周長推測 π，正六邊形
自覺盡到一份心力，開心又欣慰。

　　這次，正多邊形們選正十二邊形當代表。正十二邊
形邊數為正六邊形邊數的兩倍，邊數越多的正多邊形，
形狀看起來越接近圓形吧？

　　要想求正十二邊形的周長，得先求正十二邊形的邊
長才行。正十二邊形束手無策，不知道怎麼求算自己的
邊長。

如下圖所示，三角形 OAB 可以分成直角三角形 OAD 跟直角三角形 ABD，所以直角三角形們共襄盛舉，加入了這次的計算工作。

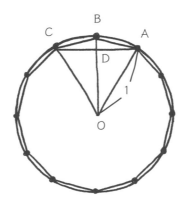

該用什麼方法才能求出線段 AB，即正十二邊形的單邊長呢？圖形們回想起闡明直角三角形的邊長特性的定理：畢氏定理！兩邊邊長平方和等於斜邊長的平方。根據畢氏定理，已知直角三角形其中兩邊邊長，就能求得剩下的一邊邊長。

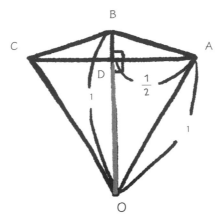

如下圖所示，OAC為正三角形，已知線段$\overline{AD}=\frac{1}{2}$。將畢氏定理套用到三角形ADO，寫成算式如下：

$$1^2=\overline{OD}^2+(\frac{1}{2})^2$$
$$\overline{OD}^2=1^2-(\frac{1}{2})^2=\frac{3}{4}$$

接著，只要求$\overline{OD}$就行了，這不簡單。$\overline{OD}^2=\frac{3}{4}$，分母 4 可以分解成 2^2，問題是分子 3。圖形們推導不出哪一個數的平方和會是 3，知道了$\overline{OD}$不可能以分數表示，只能大略推算出$\overline{OD}$約為 0.866。$\overline{BD}$是 1-$\overline{OD}$，所以$\overline{BD}$約為 0.134。在此，圖形們重新套回畢氏定理，寫成算式：

$$\overline{AB}^2=\overline{AD}^2+\overline{BD}^2=(\frac{1}{2})^2+(0.134)^2$$
$$\overline{AB}=0.5176$$
$$0.5176\times12=6.2112$$

由此求得正十二邊形周長約為 6.2112。半徑為 1 的圓圓周率為 $2\times\pi$。因為圓是正十二邊形的外接圓，所以圓周率一定大於正十二邊形周長，對吧？故 π 會大於 3.1056。

$$\pi>3.1056$$

正多邊形們非常賣力，一再選出新代表，計算比正十二邊形形狀更接近圓的正二十四邊形、正四十八邊

形……正多邊形們反覆求算 π 值，得知 π 值約落在 3.14159。

半徑為 1 的圓圓周率為 $2 \times \pi$。按照我們想求得的答案精準度，可自由選擇使用到 π 值小數點後第幾位。

$2 \times 3.1 = 6.2$
$2 \times 3.14 = 6.28$
$2 \times 3.141 = 6.282$……

因為求不出準確的 π 值，所以半徑為 1 的圓圓周率被寫成 2π，半徑為 r 的圓的圓周率被寫成 $2\pi r$。

也因為我們仍然不知道準確的 π 值，所以我們只能喊它「π」，π 是與圓相關的神祕數字。

$\pi = 3.14159265358979323846264338327950288$……

對誰都很公平，圓的心理

　　我們現在重新回想一下前面的內容吧。圖形們現在知道了用分數來表現線段 $\overline{OD}$ 有其限制，也計算過它的近似值為 0.866。這不是準確的數值，對吧？

$$1^2=\overline{OD}^2+(\frac{1}{2})^2$$
$$\overline{OD}^2=1^2-(\frac{1}{2})^2=\frac{3}{4}$$
$$\overline{OD}\times\overline{OD}=\frac{3}{4}$$

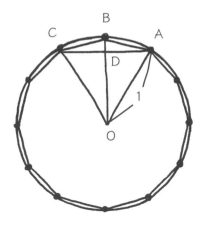

　圖形們還是很好奇線段 $\overline{OD}$ 的準確長度，改用別種方法求線段 $\overline{OD}$ 長。相似三角形們覺得利用自己在圓中的特質，會有神奇的事發生。所以它們刻意製造機會，讓任意兩弦在圓中相遇。

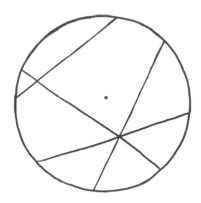

　相似三角形們連結兩弦與圓的交點，創造出下圖中的三角形。

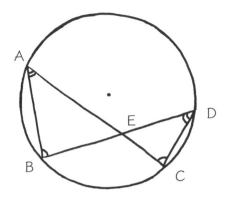

　　大家還記得前面談圓的相關性質時，我們說過同弧所對的圓周角會相等吧？所以弧 BC 所對的圓周角 A 和圓周角 D，角度相等。同樣地，弧 AD 所對的圓周角 B 和圓周角 C，角度也相等。

　　由此可知，三角形 ABE 和三角形 DCE 是相似三角形，對吧？相似三角形的對應邊之比會相同，故下列算式成立：

$$\frac{\overline{AE}}{\overline{BE}} = \frac{\overline{DE}}{\overline{CE}}$$

$$\overline{AE} \times \overline{CE} = \overline{BE} \times \overline{DE}$$

　　到底相似三角形跟圓有什麼關係呢？好奇的圖形們發現了數學魔法。

圓內弦$\overline{AB}\times\overline{AB}=a$，試求線段$\overline{AB}$長吧。看著下圖跟著做，就能簡單求出答案。

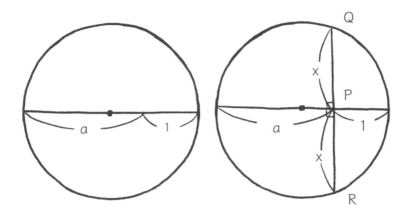

　　先假設某條線段的長為 1，然後畫出直徑是 a+1 的圓。圖形們把線段長為 a 的線段和線段長為 1 的線段的相交點，稱為 P 點。它們在 P 點上畫一條垂直於直徑的線，把該線段與圓周的兩交點分別稱為 Q 點與 R 點。根據前面已知的圓內相交弦性質，整理出以下算式：

$$x\times x=a\times1$$

　　這裡求出的線段 $\overline{PQ}$ 長就是圖形們起先想求的線段 $\overline{AB}$ 長。

圖形們回頭看原始問題，即求解線段 $\overline{OD}$ 長。它們先畫一個直徑為 $\frac{3}{4}+1$ 的圓，把長度為 $\frac{3}{4}$ 的線段和長度為 1 的線段的交點稱為 P 點，P 點上畫了一條垂直於直徑的線，該線段跟圓周的兩交點稱為 Q 點與 R 點。根據圓內相交弦的性質，$\overline{PQ} \times \overline{PR}$ 會等於 $\frac{3}{4}$。圓內的線段 $\overline{PQ}$ 長就是圖形們想求的答案。圖形們靠著圓的幫忙，知道了 $\overline{OD} \times \overline{OD}$ 等於 $\frac{3}{4}$，等於知道了線段 $\overline{OD}$ 長。

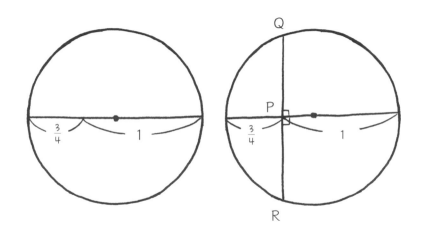

　　圖形們通過這個過程，體會了圓的公平高尚品德，覺得圓更加神祕。

　　實際上，圓裡頭存在無數的弦，有的弦長，有的弦短，短的弦會不會因自己的短小的境遇感到不滿，抱怨上天不公平呢？大家都了解它們在不滿什麼吧？

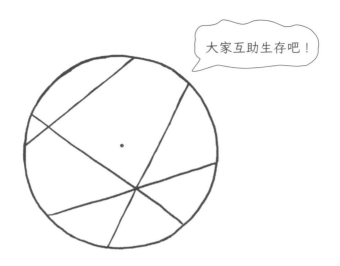

　圓想讓圖形們相親相愛所採取的解決方法是，讓弦遇見其他的弦。不僅如此，圓更讓各弦相交於圓內的一點，讓被交點分成的兩線段長乘積相等。

　圓實現了圓內相交弦之間的平等，讓每個弦都感覺身處一個和平美好的世界。圓果然是具有偉大領導者素質與品格的圖形。

圖形們打造的讓人激動的世界！

存在於非平面和存在於平面的圖形會一樣嗎？

如果三角形們住在彎曲不平的地方，畢氏定理還會成立嗎？大家還記得畢氏定理吧？斜邊平方等於兩邊長平方和！

$$a^2+b^2=c^2$$

第一個問題的答案是否定的。假如直角三角形的三邊長關係滿足 $a^2+b^2=c^2$ 的話，意味該直角三角形存在於平面上。我們看一下前面看過的圖吧。

178

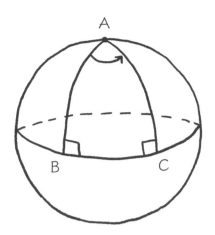

　　三角形 ABC 存在於跟地球一樣的圓弧表面，雖然它
是個直角三角形，但因為線段 $\overline{AB}$ 和線段 $\overline{AC}$ 等長，所
以畢氏定理無法成立。還有，三角形 ABC 內角和會大於
180°。

　　不過，這裡有個重點。當三角形 ABC 內角和大於
180°，而且三角形為直角三角形時，畢氏定理不成立，這
是個有神祕因果關係的事實，跟下列表達的三件事意義
相同：

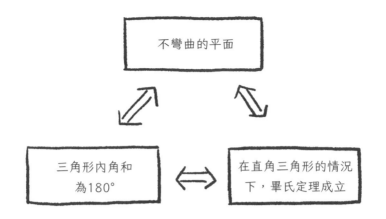

什麼叫意義相同？如果我們在某個表面上觀察到某三角形的內角和不是180°，表示三角形不存在平面上，而存在於彎曲的表面上。另外，在該表面上，畢氏定理不成立。

反之亦然，若發現了一個畢氏定理不成立的直角三角形，表示該直角三角形存在於彎曲的表面，所有存在於該表面上的三角形內角和都不會是180°。

我們已經充分了解過彎曲的表面，接下來聊些別的吧。

從點製造出的圖形，包括三角形、多邊形、內角、外角、內心、外心，還有花了很長一段時間才遇見的最完美圖形——圓！

最完美的圖形等於最重要的圖形嗎？不盡然。雖然圖形們不像圓那麼完美，但每個圖形在圖形的世界中都是珍貴又特別的存在，雖然形狀和長相迥異，不過它們有自己的特色，克盡職責，互幫互助，才能創造出美麗又帥氣的圖形世界。

圖形們在平面上表現出的悅耳和諧旋律與美麗面貌，說不定會延伸到彎曲的表面呢？一想到在超越平面的更高層次空間裡，也能實現圖形們的故事，真令人熱血沸騰！

畢氏定理的定義：證明之美

　　證明需要經過什麼過程？有名的畢氏定理是如何誕生的呢？如下圖所示，三角形 ABC 是一個角 A 為 90° 的直角三角形，所以，我們能用畢氏定理整理出算式吧？

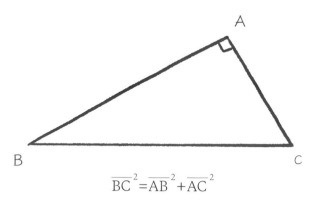

$$\overline{BC}^2 = \overline{AB}^2 + \overline{AC}^2$$

眾所周知，畢氏定理旨在說明，直角三角形中最長邊平方等於其他兩邊的平方和。直角三角形們應該覺得很神奇吧，人類居然發覺了它們的特性，它們應該很佩服第一個發現這件事的人吧。

　　證明這件事的人就是古希臘的數學家畢達哥拉斯（Pythagoras），因此，畢氏定理又叫作畢達哥拉斯定理。我們說過與其全盤接受某個結果，古希臘人更喜歡找出背後的合理原因吧？畢達哥拉斯也一樣。

　　儘管歷史中並無明確記載畢達哥拉斯的證明過程，不過學者們利用史料，推敲他可能使用的幾種證明方式。現在我就來解釋有哪些方法。

　　我們把通過頂點 A 落在線段 BC 上的垂足稱為 D。如此一來，除了原本的三角形 ABC 之外，還產生了新的三角形 DBA 和三角形 DCA。如下圖所示，利用角 B 和角 C 的和為 90° 的特性，可導出三個三角形的各對應角均相等，故這三個三角形是相似三角形。

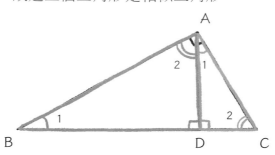

如果大家想更確定它們的相似處，跟下圖一樣，把
三個三角形的對應角對應放置就行了。

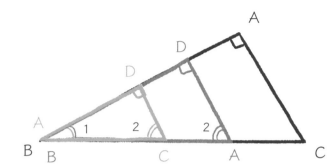

　　相似三角形的對應邊長不是成比例嗎？我們先由三
角形 ABC 與三角形 DBA 的相似概念中，推導出下列算式：

$$\frac{\overline{BA}}{\overline{BC}}=\frac{\overline{BD}}{\overline{BA}}$$

$$\overline{BA}^2=\overline{BD}\times\overline{BC}$$

　　同理，因為三角形 ABC 和三角形 DAC 也相似，整
理如下：

$$\frac{\overline{CA}}{\overline{BC}}=\frac{\overline{CD}}{\overline{CA}}$$

$$\overline{CA}^2=\overline{BC}\times\overline{CD}$$

再將兩個算式合起來可推導出：

$$\overline{BA}^2 + \overline{CA}^2 = \overline{BD} \times \overline{BC} + \overline{BC} \times \overline{CD}$$
$$= \overline{BC}(\overline{BD} + \overline{CD}) = \overline{BC}^2$$

　　這個證明帥氣歸帥氣，但有點問題，畢達哥拉斯跟弟子們苦思解題良策。

　　到底是什麼問題？簡單來說，就是我們每次都能用自然數或分數表示兩邊長之比嗎？

　　其實，原始證明過程遠比上述的證明過程嚴謹，並涉及了當兩個三角形相似時，其兩雙對應邊的邊長相等的證明。我們在此直接套用假設：每次都能用分母與分子為自然數的分數表現兩邊長之比。

　　討厭的是，在研究過程中，畢達哥拉斯確實發現了有不能用自然數表示的兩邊邊長。舉例來說，如果上面的直角三角形，$\overline{AB} = \overline{CA} = 1$，$\overline{BC}^2 = 2$，就會推導出，分數無法表示線段 $\overline{BC}$ 長！人們發現居然有不能以分數表示長度的線段，把該數命名為無理數，因為它不合情理。

無理數的發現造成畢達哥拉斯證明的麻煩。後來一個叫歐多克索斯（Eudoxus）的人，證明了「即使線段長的數值是個無理數，相似三角形中，兩雙對應邊邊長成比例仍可成立」，畢達哥拉斯的證明這才大功告成。

　　多虧古代希臘人的細心才完成了這驚人的證明。大家覺得細心重要嗎？有些人看到別人細心就會說那個人很不大方，但如果計算前往火星的宇宙船航線的人不細心，會導致什麼後果呢？如果我們不細心防範安全事故的發生，又會導致什麼後果呢？

　　工作也好，學習也罷，細心可以成為一種美德。因為古希臘人正是以這種無懈可擊的精神為基礎，從而開拓出穩健的學問之路。

　　想證明直角三角形特質的人不只畢達哥拉斯一人，直角三角形特質的相關證明超過了四百種，但畢氏定理之所以廣為人知，說明了它的重要性，對吧？中國古代有本天文曆算著作叫《周髀算經》。大家記得我們說過畢氏定理在東方又稱為「勾股定理」吧？

　　從下圖可推測，中國古代人跟畢達哥拉斯用不同的方式，證明了直角三角形的性質。《周髀算經》中先畫

出兩個弦為 a+b 的正方形。《周髀算經》證明的帥氣之處在於，它分解了兩個正方形，切割相同的部分之後，觀察剩下的部分。

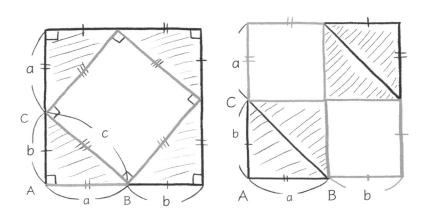

左圖被分解成一個邊長為 c 的正方形，與四個與三角形 ABC 全等的三角形；右圖被分解成一個邊長為 b 的正方形、一個邊長為 a 的正方形，以及四個與三角形 ABC 全等的三角形。

切割掉兩圖共有的四個直角三角形，左圖剩下邊長為 c 的正方形，右圖剩下邊長為 a 的正方形與邊長為 b 的正方形。結果整理如下：

邊長為 c 的正方形面積 = 邊長為 a 的正方形面積 + 邊長為 b 的正方形面積。也就是：

$$c^2 = a^2 + b^2$$

　　盛讚某人的廚藝高超時，我們會說他不用特別食材也能做出美味料理。同樣地，證明相同結果的數學證明方式，用越少的假定條件得證的方式，會被認為擁有比其他證明方式更高的價值。上述證明沒設定相似比的特殊條件，是非常傑出的證明。

　　我知道這樣說明很深奧，但我希望大家能領會畢氏定理的深遠意義。不僅是在圖形的世界中，在數學的世界中，很多時候證明的本身比證明的內容更重要。

　　因為通過名為證明的正當化過程能挖掘出圖形間的深厚關係，通過這個過程得以展現出優雅之美。這種美跟我們感受到的大自然花朵之美不同，因為這關乎單純的數學思維，我們必須具備能感受到這種美的眼光才行。這需要長時間的努力。

　　哪怕從現在開始，如果大家把數學世界應用到日常生活中，潛心鑽研，大家很快也會著迷於單純的數學思維所形成的優雅之美。

數學是用隱晦莫測的證明去證明顯而易見的事實
——數學家波立雅‧哲爾吉（George Pólya）

［動動腦］根據畢氏定理，以斜邊為邊的正方形的面積，等於以其他兩邊各為一邊的兩個正方形面積和。若將正方形換成正三角形、正五邊形、正六邊形⋯⋯正n邊形都能成立，理由為何？

複習一下〔第3課〕

線、半直線、線段
■國中數學2-2

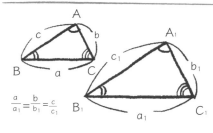

$$\frac{a}{a_1}=\frac{b}{b_1}=\frac{c}{c_1}$$

當三組對應角的大小相等時，
稱兩個三角形相似。

三角形面積
■國中數學3-2

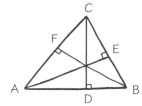

三角形ABC的面積 $= \frac{1}{2}\overline{AB}\times\overline{CD}$

$= \frac{1}{2}\overline{BC}\times\overline{AE}$

$= \frac{1}{2}\overline{AC}\times\overline{BF}$

圓
■國中數學1-2

假如圓O_1的周長$=2X_1r_1$
圓的周長$=2\pi r$
圓O_2的周長
$\Rightarrow X_1=X_2=X_3$，稱為π

圓O_3的周長$=2X_3r_3$

利用圓的內切正多邊形，
求得$\pi=3.1415\cdots\cdots$

圓的重心與弦長
■國中數學3-2

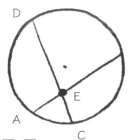

$\overline{AE}\times\overline{BE}=\overline{CE}\times\overline{DE}$

畢氏定理
■國中數學2-2

畢氏定理的證明：
√畢達哥拉斯一開始利用「相似」
　性質證明
√無理數的發現引發問題
√後來，歐多克索斯解決問題
√目前已知有400多種證明法

這樣學數學超有趣！：圖形觀念一次搞懂 ／
崔英起 著；黃莞婷 譯
-- 初版. -- 臺北市：笛藤, 2022.06
　　面；　公分
譯自 이런 수학은 처음이야
ISBN 978-957-710-858-6（平裝）

1.CST：數學教育　2.CST：幾何

310.3　　　　　　　　111007893

歡迎來到神祕的圖形世界！

這樣學數學超有趣！

圖形觀念一次搞懂

2022年06月24日　初版第一刷　定價 340元

作　　　者	崔英起
翻　　　譯	黃莞婷
編　　　輯	江品萱
美 術 設 計	王舒玗
總 編 輯	洪季楨
編輯企劃	笛藤出版
發 行 所	八方出版股份有限公司
發 行 人	林建仲
地　　　址	台北市中山區長安東路二段171號3樓3室
電　　　話	(02) 2777-3682
傳　　　真	(02) 2777-3672
總 經 銷	聯合發行股份有限公司
地　　　址	新北市新店區寶橋路235巷6弄6號2樓
電　　　話	(02)2917-8022・(02)2917-8042
製 版 廠	造極彩色印刷製版股份有限公司
地　　　址	新北市中和區中山路二段380巷7號1樓
電　　　話	(02)2240-0333・(02)2248-3904
郵撥帳戶	八方出版股份有限公司
郵撥帳號	19809050